《几何原本》有四不必：不必疑、不被揣、不必试、不必改；有四不可得：欲脱之不可得，欲驳之不可得，欲减之不可得，欲前后更置之不可得……能精此书者，无一事不可精；好学此书者，无一事不可学。

——徐光启（中国明末科学家，首次
将《几何原本》翻译为中文）

　　第一次看到这本书就惊为天人。

——爱因斯坦（德裔美籍物理学家，
狭义与广义相对论的创立者）

　　欧几里得著的《几何原本》，被誉为史上最成功的教科书。

科学元典丛书·学生版

The Series of the Great Classics in Science

主　　编　任定成

执行主编　周雁翎

策　　划　周雁翎

丛书主持　陈　静　张亚如

　　科学元典是科学史和人类文明史上划时代的丰碑，是人类文化的优秀遗产，是历经时间考验的不朽之作。它们不仅是伟大的科学创造的结晶，而且是科学精神、科学思想和科学方法的载体，具有永恒的意义和价值。

几何原本

·学生版·

（附阅读指导、数字课程、思考题、阅读笔记）

〔古希腊〕 欧几里得 著　凌复华 译

北京大学出版社
PEKING UNIVERSITY PRESS

图书在版编目（CIP）数据

几何原本：学生版/（古希腊）欧几里得著；凌复华译.—北京：北京大学出版社，2022.8

（科学元典丛书）

ISBN 978-7-301-33089-0

Ⅰ.①几… Ⅱ.①欧…②凌… Ⅲ.①欧氏几何 Ⅳ.①O181

中国版本图书馆 CIP 数据核字（2022）第 098890 号

书　　　名	几何原本（学生版）	
	JIHE YUANBEN (XUESHENG BAN)	
著作责任者	〔古希腊〕欧几里得 著　凌复华 译	
丛 书 主 持	陈　静　张亚如	
责 任 编 辑	陈　静　唐知涵	
标 准 书 号	ISBN 978-7-301-33089-0	
出 版 发 行	北京大学出版社	
地　　　址	北京市海淀区成府路 205 号　　100871	
网　　　址	http://www.pup.cn　　新浪微博：@北京大学出版社	
微信公众号	通识书苑（微信号：sartspku）	
	科学元典（微信号：kexueyuandian）	
电 子 邮 箱	编辑部 jyzx@pup.cn　　总编室 zpup@pup.cn	
电　　　话	邮购部 010-62752015　　发行部 010-62750672	
	编辑部 010-62707542	
印 刷 者	北京中科印刷有限公司	
经 销 者	新华书店	
	787 毫米×1092 毫米　32 开本　8 印张　120 千字	
	2022 年 8 月第 1 版　2024 年 2 月第 2 次印刷	
定　　　价	38.00 元	

弁　言

Preface to the Series of the Great

Classics in Science

任定成

中国科学院大学　教授

一

　　改革开放以来,我国人民生活质量的提高和生活方式的变化,使我们深切感受到技术进步的广泛和迅速。在这种强烈感受背后,是科技产出指标的快速增长。数据显示,我国的技术进步幅度、制造业体系的完整程度,专利数、论文数、论文被引次数,等等,都已经排在世界前列。但是,在一些核心关键技术的研发和战略性产品的生产方面，我国还比较落后。这说明，我国的技术进步赖以依靠的基础研究，亟待加强。为此，我国政府和科技界、教育界以及企业界，都在不断大声疾呼，要加强基础研究、加强基础教育！

那么，科学与技术是什么样的关系呢？不言而喻，科学是根，技术是叶。只有根深，才能叶茂。科学的目标是发现新现象、新物质、新规律和新原理，深化人类对世界的认识，为新技术的出现提供依据。技术的目标是利用科学原理，创造自然界原本没有的东西，直接为人类生产和生活服务。由此，科学和技术的分工就引出一个问题：如果我们充分利用他国的科学成果，把自己的精力都放在技术发明和创新上，岂不是更加省力？答案是否定的。这条路之所以行不通，就是因为现代技术特别是高新技术，都建立在最新的科学研究成果基础之上。试想一下，如果没有训练有素的量子力学基础研究队伍，哪里会有量子技术的突破呢？

那么，科学发现和技术发明，跟大学生、中学生和小学生又有什么关系呢？大有关系！在我们的教育体系中，技术教育主要包括工科、农科、医科，基础科学教育主要是指理科。如果我们将来从事科学研究，毫无疑问现在就要打好理科基础。如果我们将来是以工、农、医为业，现在打好理科基础，将来就更具创新能力、发展潜力和职业竞争力。如果我们将来做管理、服务、文学艺术等看似与科学技术无直接关系的工作，现在打好理科基础，就会有助于深入理解这个快速变化、高度技术化的社会。

我们现在要建设世界科技强国。科技强国"强"在哪里？不是"强"在跟随别人开辟的方向，或者在别人奠定的基础上，做一些模仿性的和延伸性的工作，并以此跟别人比指标、拼数量，而是要源源不断地贡献出影响人类文明进程的原创性成果。这是用任何现行的指标，包括诺贝尔奖项，都无法衡量的，需要培养一代又一代具有良好科学素养的公民来实现。

二

我国的高等教育已经进入普及化阶段，教育部门又在扩大专业硕士研究生的招生数量。按照这个趋势，对于高中和本科院校来说，大学生和硕士研究生的录取率将不再是显示办学水平的指标。可以预期，在不久的将来，大学、中学和小学的教育将进入内涵发展阶段，科学教育将更加重视提升国民素质，促进社会文明程度的提高。

公民的科学素养，是一个国家或者地区的公民，依据基本的科学原理和科学思想，进行理性思考并处理问题的能力。这种能力反映在公民的思维方式和行为方式上，而不是通过统计几十道测试题的答对率，或者统计全国统考成绩能够表征的。一些人可能在科学素养测评卷上答对全部问题，但经常求助装神弄鬼的"大师"和各种迷信，能说他们的科学素养高吗？

曾经，我们引进美国测评框架调查我国公民科学素养，推动"奥数"提高数学思维能力，参加"国际学生评估项目"（Programme for International Student Assessment，简称 PISA）测试，去争取科学素养排行榜的前列，这些做法在某些方面和某些局部的确起过积极作用，但是没有迹象表明，它们对提高全民科学素养发挥了大作用。题海战术，曾经是许多学校、教师和学生的制胜法宝,但是这个战术只适用于衡量封闭式考试效果,很难说是提升公民科学素养的有效手段。

为了改进我们的基础科学教育,破除题海战术的魔咒,我们也积极努力引进外国的教育思想、教学内容和教学方法。为了激励学生的好奇心和学习主动性,初等教育中加强了趣味性和游戏手段,但受到"用游戏和手工代替科学"的诟病。在中小学普遍推广的所谓"探究式教学",其科学观基础,是 20 世纪五六十年代流行的波普尔证伪主义,它把科学探究当成了一套固定的模式,实际上以另一种方式妨碍了探究精神的培养。近些年比较热闹的 STEAM 教学,希望把科学、技术、工程、艺术、数学融为一体,其愿望固然很美好,但科学课程并不是什么内容都可以糅到一起的。

在学习了很多、见识了很多、尝试了很多丰富多彩、眼花缭乱的"新事物"之后,我们还是应当保持定力,重新认识并倚重我们优良的教育传统:引导学生多读书,好读书,读好书,包括科学之书。这是一种基本的、行之有效的、永不过时的教育方式。在当今互联网时代,面对推送给我们的太多碎片化、娱乐性、不严谨、无深度的瞬时知识,我们尤其要静下心来,系统阅读,深入思考。我们相信,通过持之以恒的熟读与精思,一定能让读书人不读书的现象从年轻一代中消失。

三

科学书籍主要有三种:理科教科书、科普作品和科学经典著作。

教育中最重要的书籍就是教科书。有的人一辈子对科学的了解,都超不过中小学教材中的东西。有的人虽然没有认真读过理科教材,只是靠听课和写作业完成理科学习,但是这些课的内容是老师对教材的解读,作业是训练学生把握教材内容的最有效手段。好的学生,要学会自己阅读钻研教材,举一反三来提高科学素养,而不是靠又苦又累的题海战术来学习理科课程。

理科教科书是浓缩结晶状态的科学,呈现的是科学的结果,隐去了科学发现的过程、科学发展中的颠覆性变化、科学大师活生生的思想,给人枯燥乏味的感觉。能够弥补理科教科书欠缺的,首先就是科普作品。

学生可以根据兴趣自主选择科普作品。科普作品要赢得读者,内容上靠的是有别于教材的新材料、新知识、新故事;形式上靠的是趣味性和可读性。很少听说某种理科教科书给人留下特别深刻的印象,倒是一些优秀的科普作品往往影响人的一生。不少科学家、工程技术人员,甚至有些人文社会科学学者和政府官员,都有过这样的经历。

当然,为了通俗易懂,有些科普作品的表述不够严谨。在讲述科学史故事的时候,科普作品的作者可能会按照当代科学的呈现形式,比附甚至代替不同文化中的认识,比如把中国古代算学中算法形式的勾股关系,说成是古希腊和现代数学中公理化形式的"勾股定理"。除此之外,科学史故事有时候会带着作者的意识形态倾向,受到作者的政治、民族、派别利益等方面的影响,以扭曲的形式出现。

科普作品最大的局限,与教科书一样,其内容都是被作者咀嚼过的精神食品,就失去了科学原本的味道。

原汁原味的科学都蕴含在科学经典著作中。科学经典著作是对某个领域成果的系统阐述,其中,经过长时间历史检验,被公认为是科学领域的奠基之作、划时代里程碑、为人类文明做出巨大贡献者,被称为科学元典。科学元典是最重要的科学经典,是人类历史上最杰出的科学家撰写的,反映其独一无二的科学成就、科学思想和科学方法的作品,值得后人一代接一代反复品味、常读常新。

科学元典不像科普作品那样通俗,不像教材那样直截了当,但是,只要我们理解了作者的时代背景,熟悉了作者的话语体系和语境,就能领会其中的精髓。历史上一些重要科学家、政治家、企业家、人文社会学家,都有通过研读科学元典而从中受益者。在当今科技发展日新月异的时代,孩子们更需要这种科学文明的乳汁来滋养。

现在,呈现在大家眼前的这套"科学元典丛书",是专为青少年学生打造的融媒体丛书。每种书都选取了原著中的精华篇章,增加了名家阅读指导,书后还附有延伸阅读书目、思考题和阅读笔记。特别值得一提的是,用手机扫描书中的二维码,还可以收听相关音频课程。这套丛书为学习繁忙的青少年学生顺利阅读和理解科学元典,提供了很好的入门途径。

四

据 2020 年 11 月 7 日出版的医学刊物《柳叶刀》第 396 卷第 10261 期报道,过去 35 年里,19 岁中国人平均身高男性增加 8 厘米、女性增加 6 厘米,增幅在 200 个国家和地区中分别位列第一和第三。这与中国人近 35 年营养状况大大改善不无关系。

一位中国企业家说,让穷孩子每天能吃上二两肉,也许比修些大房子强。他的意思,是在强调为孩子提供好的物质营养来提升身体素养的重要性。其实,选择教育内容也是一样的道理,给孩子提供高营养价值的精神食粮,对提升孩子的综合素养特别是科学素养十分重要。

理科教材就如谷物,主要为我们的科学素养提供足够的糖类。科普作品好比蔬菜、水果和坚果,主要为我们的科学素养提供维生素、微量元素和矿物质。科学元典则是科学素养中的"肉类",主要为我们的科学素养提供蛋白质和脂肪。只有营养均衡的身体,才是健康的身体。因此,理科教材、科普作品和科学元典,三者缺一不可。

长期以来，我国的大学、中学和小学理科教育，不缺"谷物"和"蔬菜瓜果"，缺的是富含脂肪和蛋白质的"肉类"。现在，到了需要补充"脂肪和蛋白质"的时候了。让我们引导青少年摒弃浮躁，潜下心来，从容地阅读和思考，将科学元典中蕴含的科学知识、科学思想、科学方法和科学精神融会贯通，养成科学的思维习惯和行为方式，从根本上提高科学素养。

我们坚信，改进我们的基础科学教育，引导学生熟读精思三类科学书籍，一定有助于培养科技强国的一代新人。

2020 年 11 月 30 日

北京玉泉路

目　录

弁　言 / i

上篇　阅读指导

一、欧几里得与《几何原本》的传说 / 3

二、《几何原本》的三大特点 / 9

三、《几何原本》的主要内容 / 15

四、《几何原本》对现代中小学数学的影响 / 22

五、《几何原本》翻译说明 / 26

中篇　几何原本(节选)

节选内容说明 / 31

第一卷　平面几何基础 / 39

第二卷　矩形的几何学，几何代数基础 / 80

第三卷　圆的几何学 / 88

第四卷　圆的内接与外切三角形及正多边形 / 107

第五卷　成比例量的一般理论 / 115

第六卷　相似图形的平面几何学 / 132

第七卷　初等数论 / 146

第八卷　连比例中的数 / 156

第九卷　连比例中的数；奇偶数与完全数理论 / 163

第十卷　不可公度线段 / 169

第十一卷　立体几何基础 / 180

第十二卷　面积与体积；欧多克斯穷举法 / 210

第十三卷　柏拉图多面体 / 219

下篇　学习资源

扩展阅读 / 229

数字课程 / 230

思考题 / 231

阅读笔记 / 233

上　篇

阅读指导

Guide Readings

凌复华

上海交通大学
美国史蒂文斯理工学院　教授

一、欧几里得与《几何原本》的传说

二、《几何原本》的三大特点

三、《几何原本》的主要内容

四、《几何原本》对现代中小学数学的影响

五、《几何原本》翻译说明

一、欧几里得与《几何原本》的传说

《几何原本》的作者欧几里得,可以说是历史上最为人知的数学家,他的名字早就成为经典几何学的代名词。但是,与之形成巨大反差的是,他的生平却最不为人知。下面,我们以几个"数字"为线索,看看与他有关的史料和有一定可信度的传言。

一:"一"指的是,《几何原本》是有史以来最成功、发行量最大、最有影响力的一部教科书。

二:"二"指的是"两段传说"。第一个传说,公元 5世纪,有一位生于拜占庭的数学家,名字叫普罗克洛斯(Proclus,约公元 410 年—485 年),他是新柏拉图学派的代表人物,曾为欧几里得《几何原本》做过注解。据普罗克洛斯记载,当时的埃及托勒密王曾经问欧几里得,除了他的《几何原本》之外,还有没有其他学习几何的捷径。欧几里得回答说:"几何无王者之路。"意思是说,在几何学里,没有专为国王铺设的大道。这句话后来成为传诵千古的箴言。

第二个传说,公元6世纪时的一位叫斯托贝乌斯的数学家,记述了另一则故事,说一个学生才开始学第一个命题,就问欧几里得:"老师,我学了几何学之后将得到些什么?"欧几里得想了想,转头对下属说:"给他三个钱币,让他走人,因为他想在学习几何学中获取实利。"的确,当时学习几何学确实不能立竿见影给人带来实际利益。但是,我们现在知道,几何学后来对科学大厦的建立起到了巨大的作用。

三:"三"指的是"三个史实"。学术界一般认为,以下这三个史实是可信的。第一,欧几里得出生在雅典,并曾在柏拉图的"学园"学习。第二,欧几里得于公元前300年左右活跃于埃及亚历山大城,很可能是在亚历山大图书馆教授数学。第三,欧几里得大约生活于公元前325年至公元前270年;也有一种说法,他生活于公元前330年至公元前275年,大约活了55岁。

四:"四"指的是《几何原本》一书实际上有"四位作

者"。除了欧几里得之外，其他三位作者分别是毕达哥拉斯（Pythagoras），欧多克斯（Eudoxus of Cnidus），特埃特图斯（Theaetetus of Athens）。

《几何原本》一共十三卷。现在学术界认为，这十三卷并不是欧几里得一个人的著作，书中大部分的内容直接取材于他之前的其他数学家。一般认为，第一卷至第三卷，以及第七卷至第九卷的许多内容，出自毕达哥拉斯学派，这个学派认为，"数"是万物本原，最为人所知的成就是毕达哥拉斯定理，在我们中国称之为勾股定理，这在《几何原本》第一卷中就有明确表述。

《几何原本》第五卷中的比例理论和第十卷中的穷举法，出自欧多克斯；欧多克斯与柏拉图是同时代人，曾求学于柏拉图学园，之后返校执教。

《几何原本》第十卷和第十三卷，出自特埃特图斯；他是柏拉图学园的一位数学家，对柏拉图的影响很大，柏拉图曾将他作为《对话录》的标题人物和讨论对象。

当然，在《几何原本》中，欧几里得本人也有不少精彩手笔，如用几何图形，寥寥数笔就证明了勾股定理，证明了不存在最大素数的欧几里得定理，给出因式分解定理等。

一千："一千"指的是《几何原本》的各种版本,总数不下"一千多种"。《几何原本》的原稿早已失传,在很长时间里,最流行的是赛翁(Theon,约公元 335 年—405 年)的希腊语修订本,直到 1808 年,在梵蒂冈发现了更早的手抄本。海贝格(Heiberg)根据这个手抄本于 1883 年—1888 年编纂的希腊语版本,是当今的权威版本。

在欧洲的中世纪黑暗年代,希腊文明由阿拉伯人传承。《几何原本》的第一个阿拉伯语译本出现于公元 9 世纪。1120 年左右出现转译自阿拉伯语的第一个拉丁语译本,它于 1482 年在威尼斯首次印刷出版。1505 年,译自赛翁希腊语文本的拉丁语译本,也在威尼斯印刷出版。《几何原本》最早的完整英语译本,出现于 1570 年;而最流行的英语译本,是 1908 年和 1926 年出版的希思(Heath)的注释本。

《几何原本》的汉语翻译其实也开始得很早。1607 年,由天主教耶稣会传教士意大利人利玛窦,和我国明代科学家徐光启合译出版了前六卷,但直到 250 年以后的 1857 年,才由两名英国人完成,共出版 15 卷。不过,后两卷现在一般认为是后人添加进去的,此后的版本不再收入。明清两朝的这两个汉译本都是文言文,术语和现在也不一样。难以想象的是,此后 130 年间,《几何原本》的新译本竟然又是空白,直到 1990 年才出版了兰纪正、朱恩宽的现代汉语译本。近年来又出现了十余种汉译本,但良莠不一,总的说来未见有什么超越。

从古代希腊语手抄本到阿拉伯语和拉丁语译文的手抄本,再到近现代几十种语言译本的印刷版本,《几何原本》各种版本总数不下一千多种。

两千三百:"两千三百"指的是《几何原本》成书于大约 2300 年前,这本书的面世起到了承上启下的作用。所谓"承上",指的是欧几里得总结了在他以前古希腊几何学中的所有重要成果,如上面提到的毕达哥拉斯、欧多克斯、特埃特图斯,还有希波克拉底(Hippocrates of Chios)和泰乌迪乌斯(Theudius)。所谓"启下",是指《几何原本》对世界数学的深远影响。它直接影响了其后阿基米德和阿波罗尼奥斯分别开创的计算几何学和形式与状态几何学,古典几何学在那时已经成熟。

现在常把古典几何学称为欧几里得几何学,简称欧氏几何。近代以来发展出来的解析几何、罗巴切夫斯基几何(简称罗氏几何)、黎曼几何等,也都可以溯源于此。许多伟人如开普勒、牛顿、爱因斯坦等,都称自己受到《几何原本》的极大影响。

二、《几何原本》的三大特点

《几何原本》构建了一个非常严密的理论体系,它的诞生,标志着古典几何学已经成熟。具有如下特点:

第一个特点,《几何原本》中的作图题占比很高,但作图时使用的工具只是圆规和直尺,而且直尺是无刻度的,这正是高度抽象化的欧几里得几何学的特色。欧几里得用圆规和直尺作出许多不同类型的图,例如正三角形、正方形、正五边形、正六边形和正十五边形等。直到两千年后,才有高斯增补了正十七边形的作法。

第二个特点,《几何原本》全书使用严格的逻辑证题。现在常见的说法是,欧几里得从五条"公理"和五条"公设"出发,加上一些定义,严格地推导出庞大的命题系统。例如,有人说,"上帝定义了点,组成了线,继而有了面,叠成立体空间,欧几里得左手拿着直尺,右手拿着圆规,通过五条公设和五条公理,绘出了世界。"

不过,在我看来,这种说法是不准确的。由表1的统计可见,《几何原本》中的"公设",全书一共引用了15次,其中有13次都在第一卷;而"公理",全书一共引用了19次,其中有18次都在第一卷。由此可见,这些"公理"和"公设"主要影响的是第一卷,而对全书并无直接影响。

表1 《几何原本》中引用了公设与公理的命题

	第一卷	第二卷	第三卷	第六卷
公设1	1,2,4,5,7			
公设2	2,5			
公设3	1,2,3,12			
公设4				
公设5	29,44	10		4
公理1	1,2,3,6,13,14,15			
公理2	13,14			
公理3	2,5,15,35			
公理4	1,4,8		24	
公理5	6,7			

在《几何原本》中,对"命题"有直接影响的是各卷的"定义",有些"定义"也对其他卷有影响。尤其是第一卷的"定义",对涉及几何问题的各卷都有影响;第七卷的

"定义",对涉及数的问题的各卷都有影响。

当然,《几何原本》中的这个公理系统是可以改进完善的,后世有很多数学家在这方面做了工作,其中最有名的是德国数学家希尔伯特(Hilbert),他于1899年提出了一个严格的公理系统。希尔伯特提出的这个公理系统中,有"关联公理"八条,说明三组几何对象——点、直线和平面之间的关联;"顺序公理"四条,说明直线上的点的相互关系;"合同公理"五条,处理图形的移动;"连续公理"两条,说明直线的连续关系;"平行公理"一条,说明两条直线间的平行关系。

实际上,《几何原本》的严谨逻辑,主要体现在"命题"的结构中。我们前面提到的曾经给《几何原本》作注的那位希腊数学家普罗克洛斯,对此有一个极好的说明,他说:

每一个问题和每一个其所有部分皆完美的完整定理,均包含以下所有要素:**"表述""设置""定义""构形""证明""结论"**。

在这些要素之中,**"表述"** 给出了什么是给定的和什么是待求的,完美的**"表述"** 一定由这两部分组成。

"**设置**"标识了什么已由其自身给出,并在应用于研究之前予以调整。

"**定义**"单独陈述和说清楚待求的是什么特定的东西。

"**构形**"中把想得到的东西添加到论据中,其目的是找到待求的东西。

"**证明**"由公认事实,科学地推理得出所需的推断。

"**结论**"又返回到"**表述**",确认已经说明的内容。

这些都是"问题"和"定理"的组成部分,但最本质的和在所有问题中都能找到的那些是"**表述**""**证明**"和"**结论**"。因为同等必需的是事先知道:待求的是什么,这应当通过中间步骤来说明,且被说明的事实应该被推断出来;不可能免除这三项中的任何一项。其余部分往往被引入,但也往往因为无用而被排除在外。

这套严格的论证体系得益于古希腊辩论家的缜密逻辑,对后世数学发展的影响不可估量。

第三个特点,《几何原本》完全没有具体数字。这种情况不仅出现在有关几何学的各章,也出现在有关数论的各章。显然,在数论的场合中,没有具体数字往往增加阅读和理解的困难。为了读者阅读方便,本书汉译者在翻译过程中构造了一些数字例子,以附注形式给出,希望对读者有所帮助。虽然这似乎不是欧几里得的本意,他实际上更希望读者用抽象思维理解本书的内容。不过,对于时间有限的一般读者来说,要做到这一点并不容易。

我们知道,现代中小学几何学包括"作图""证明"和"计算"三个部分。可是,在《几何原本》中,第三部分内容——"计算",完全没有在书中出现。到了《几何原本》问世几十年以后,古希腊另一位科学巨人阿基米德才弥补了这一缺憾,他发展了几何学的计算部分,我们称之为度量几何学。

这里要特别提一下第五公设,即"平行公设"。这个公设的意思简单说就是,过直线外一点只能作一条平行线。在《几何原本》中,这个所谓"平行公设"相当冗长,且在原书中很少引用。因此,两千年来,不少人都试图避免它或证明它,但均徒劳无功。直到 19 世纪,俄国数学家罗巴切夫斯基(Lobachevsky),用"过直线外一点至少可以作两条平行线"的所谓"双曲平行公设"代替它,建立了罗氏几何。后来,又有德国数学家黎曼(Riemann),用"过直线外一点不可能作平行线"的所谓"椭圆平行公设"代替它,建立了黎曼几何。

可见,欧氏几何、罗氏几何、黎曼几何这三种几何学,分别是在平面、双曲面和球面上建立的几何学。图1给出了一个概述。

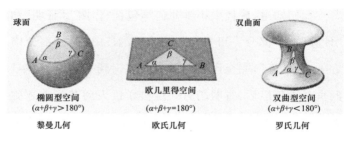

图 1　三种几何学

三、《几何原本》的主要内容

《几何原本》共 13 卷,有 5 条公理,5 条公设,130 个定义,465 个命题。这些命题之间,以及它们与定义、公理、公设之间,具有错综复杂的逻辑关系。

表 2　各卷的定义和命题统计

卷	一 *	二	三	四	五	六	七
定义	23	2	11	7	18	3	22
命题	48	14	37	16	25	33	39
卷	八	九	十	十一	十二	十三	总和
定义	0	0	16	28	0	0	130
命题	27	36	115	39	18	18	465

　　* 第一卷还有 5 条公理和 5 条公设。

图 2 展示了《几何原本》中 187 个命题之间及它们与公设、公理和 20 个定义之间的关系。我们在此展示这张由计算机建模而制成的图,主要目的是让读者对这种错综复杂的逻辑关系有一个大致认识。

图 2 　《几何原本》中公理、公设、定义与命题之间的逻辑关系

顾名思义,一些人认为,《几何原本》的内容只是几何学。其实,书中关于"数"的理论,也占了相当大的篇幅,几近一半。不过其中多数内容,特别是关于不可公度线段的部分,现在已很少用到。

我们知道,在现代初等几何中,包含了"作图""证明"和"计算"三类题目,其中前两类,本书基本上都提及了。关于"计算",本书只给出了一些形状的面积或体积的相对关系,至于具体数字结果,前面我们讲过,还有待几十年之后阿基米德来完成。

本书的内容可以分为三大部分,简述如下。

第一部分,从第一卷到第六卷,讲述平面几何。

第一卷是开宗明义的首卷,十分重要。包括了公理、公设和平面几何的主要定义,陈述了平面几何的基本概念和结果。其核心命题是勾股定理及逆定理(I.46—48)。前面各命题或多或少为之作了铺垫。欧几里得对勾股定理的证明十分简洁巧妙而有启发性。我们特别在此展示,读者在阅读时可仔细领会、欣赏。

如图3,欲证斜边上的正方形等于二直角边上的正方形之和。

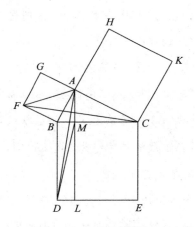

图3 勾股定理的几何证明

证明如下:

三角形 ABF＝正方形 $ABFG$ 的一半,

三角形 BDM＝矩形 $BDLM$ 的一半,

三角形 BCF＝三角形 ABD（两边夹一角相等）,

三角形 BCF＝三角形 ABF（同底等高）,

三角形 BDM＝三角形 ABD（同底等高）,

∴ 三角形 BDM＝三角形 ABF

∴ 正方形 $ABFG$ ＝矩形 $BDLM$，

同理可证，正方形 $ACKH$ ＝矩形 $CELM$，而正方形 $CBDE$ ＝ 矩 形 $BDLM$ ＋ 矩 形 $CELM$，故 正 方 形 $ABFG$ ＋正方形 $ACKH$ ＝正方形 $CBDE$。

证毕。

第二卷有 14 个命题，它们其实是一些代数式的几何表示。代数是后世阿拉伯人发明的，古希腊人用几何图形来表示代数式并作证明，颇具匠心。

第三卷讨论圆和弓形及与之相关的弦、弧、角、切线、割线等，囊括了圆的几何学的主要内容。

第四卷系统地处理了直线图形与已知圆的相互内接、外切、内切与外接问题，并已对一般三角形、正方形、正五边形、正六边形和正十五边形获解。

第五卷讲的是比与比例。"比"是两个量之间的关系，"比例"是两个比之间的关系。这一卷囊括了已知的所有比或比例，如：正、反、合、分比、更比、换比、依次（首末）、摄动等。这些比与比例十分有用且并不困难，但需仔细阅读，搞清它们的定义和其间的区别。

第六卷讨论相似直线图形，即对应角相等的图形。

还引入了黄金分割的概念和应用。

第二部分,从第七卷至第十卷,讲述数的理论。

第七卷引入了各种数的概念,例如奇数、偶数、素数、合数、面数、体数、平方数、立方数、完全数等等。以及对它们的计算,如乘法、求最大公约数(公度)、求最小公倍数、相似面数、相似体数等。特别是最大公约数的辗转相除法,一直沿用至今。这个著名的欧几里得算法是他的数论的基础。

第八卷与第九卷的内容紧密相连。主要讲"连比例数组"及其性质。"连比例数组"其实是各项都是自然数的一个几何级数,记住这一点,再参看我们构造的数字实例,就不难理解各个命题。

第十卷占全书篇幅的四分之一,第一个命题给出了十分重要的穷举法基础,其余讨论"可公度量"与"不可公度量"。记住,把这些量用指定为一单位的尺度量度得到一个数,就可以与现代数学中常用的有理数和无理数联系起来,从而减轻阅读的难度。

第三部分,从第十一卷至第十三卷,讲述立体几何。

第十一卷叙述立体几何基础,主要研究立体角和平行六面体,它们分别相当于平面几何中的三角形和平行四边形。

第十二卷使用穷举法讨论球、棱锥、圆柱和圆锥的体积,但只提到例如球的体积与直径立方成正比,并未真正定量。

第十三卷讲解了五种正多面体。

《几何原本》的内容十分丰富,定义很多,命题一个接一个,读者往往不易掌握其间的关联。我们对各卷内容做了详细的分类和说明,主要以图与表的形式,作为"内容提要"在每卷开头列出,以便读者对该卷的内容,先有一个大致的了解。

四、《几何原本》对现代中小学数学的影响

本书汉译者的中小学时代始于七十多年前。那时我们在小学有算术,初中有平面几何和代数,高中有三角和立体几何。平面几何与立体几何中的证明题和作图题,多半来自《几何原本》,占比大约为50%,计算题当然不是来自欧几里得。算术和代数估计也各有20%来自《几何原本》。总体看来,那时数学大约有30%的内容来自《几何原本》。

现在我国中小学数学教材,比几十年前增加了不少内容,特别是高中数学教材(只考虑必修课),增加了集合、算法、统计、概率等内容。因此,《几何原本》中的内容,在我国现行中小学教材中所占的比例有所下降。译者根据几本常用的小学、初中、高中数学书粗略统计得到,《几何原本》在其中所占的比例分别约为15%,34%

和 9%。读者可以从表 3、表 4、表 5 三个表中看出大致情况。表中的"内容占比"这一列,表示该章节知识内容在该学段数学书中的占比;"来自《几何原本》"这一列,表示该章节知识内容本身有多少是来自《几何原本》的;"实际占比"这一列,则由前两列的数据相乘得来,表示该章节知识内容实际上有多少源于《几何原本》。

表 3　我国小学数学中来自《几何原本》的内容

	内容占比	来自《几何原本》		实际占比
第一章 数的认识 第二节 因数与倍数	2.46%	100%	第七卷	2.46%
第五章 比与比例	7.39%	80%	第五卷	5.91%
第七章 平面图形 第二节 平面图形的认识	4.43%	100%	第一卷	4.43%
第八章 立体图形 第二节 立体图形的认识	1.97%	100%	第十一卷	1.97%
总计				14.77%

表4　我国初中数学中来自《几何原本》的内容

	内容占比	来自《几何原本》		实际占比
第四章 几何图形初步	5.00%	100%	第一卷	5.00%
第五章 相交线与平行线	4.58%	100%	第一卷	4.58%
第十一章 三角形	3.33%	100%	第一卷	3.33%
第十二章 全等三角形	3.33%	100%	第一卷	3.33%
第十四章 整式的乘积与因式分解	3.75%	30%	第七卷	1.13%
第十七章 勾股定理	2.50%	100%	第一卷	2.50%
第十八章 平行四边形	3.75%	100%	第一卷	3.75%
第二十四章 圆	4.58%	100%	第三卷	4.58%
第二十五章 概率初步	0.83%	100%	第四卷	0.83%
第二十六章 反比例	2.92%	30%	第五卷	0.88%
第二十七章 相似	4.17%	100%	第六卷	4.17%
总计				34.08%

表5　我国高中数学中来自《几何原本》的内容

必修2	内容占比	来自《几何原本》		实际占比
第一章 空间几何体	2.43%	25%	第十一卷	0.61%
第二章 点、直线、平面之间的位置关系	7.77%	75%	第十一卷	5.83%
第三章 直线与方程	4.37%	25%	第一卷	1.09%
第四章 圆与方程	5.34%	25%	第二卷	1.33%
总计				8.86%

译者也浏览了美国中小学的一些数学教材。美国还是分为算术、几何、代数、三角等课程，但没有统一的教科书，在必修课中并未看到集合、算法、统计、概率等内容。译者估计，来自《几何原本》的内容大约在 30% 左右。

的确，《几何原本》影响了一代又一代的莘莘学子，为他们通向科学殿堂的道路打下了坚实的基础。《几何原本》在过去、现在和将来对科学思维的重要作用，怎么强调也不为过。正如爱因斯坦所言："当一个人最初接触到欧几里得几何学时，如果不曾为它的明晰性和可靠性所感动，那么他是不会成为一位科学家的。"

五、《几何原本》翻译说明

本书主要依据希思和菲茨帕特里克(Fitzpatrick)的英文译本,以及后者中所附海贝格的标准希腊文本。译文中有一些脚注来自这两本书,译者也添加了一些,标明为译者注。

译文尽量符合当前国内的惯例,但有些不会引起误会的记法仍保留原书风格,请读者注意。主要有:

1."等于"指"面积等于"。

2."矩形"常写为"平行四边形"。

3.原书未区分"直线"和"线段",译文予以区分,但仍都用两个大写字母(如 AB)表示,而中文的直线常用一个小写英文字母(如 a)表示。

4.矩形或正方形常常用两对角的字母表示,如矩形 AC。但其边为 AB, BC, CD, DA,两个字母在同一条直线上,不会引起误会。

5.线段标注字母的顺序不重要,例如 DA 也写成 AD。

6."角 ABC"在不会引起误会的情况下可能省略"角",

记为"ABC"。

❧ 中　　篇 ❧

几何原本(节选)

The Thirteen Books of Euclid's Elements

节选内容说明 / 第一卷　平面几何基础 / 第二卷 矩形的几何学,几何代数基础 / 第三卷　圆的几何学 / 第四卷　圆的内接与外切三角形及正多边形 / 第五卷　成比例量的一般理论 / 第六卷　相似图形的平面几何学 / 第七卷　初等数论 / 第八卷　连比例中的数 / 第九卷 连比例中的数;奇偶数与完全数理论 / 第十卷　不可公度线段 / 第十一卷　立体几何基础 / 第十二卷　面积与体积;欧多克斯穷举法 / 第十三卷　柏拉图多面体

节选内容说明

这里节选的内容,或者是与现代初等数学密切相关的,或者是十分重要,有启发性的。公理与公设当然全部选入。《几何原本》各卷的定义对理解相应的基本概念十分重要,而且也经常被引用,因此除第十卷以外,所有定义全部选入。被选入的所有命题的编号见表6。命题之间常常相互引用,未选入但被引用的命题,在表7中给出。本书选入的命题共76个,为总数的16.3%,被引用的其他命题共77个,为总数的16.6%,二者合计约为原著全部命题的三分之一。

表6 选入命题(共76个)

卷	选入命题编号	选入命题个数
第一卷	1,3,4,5,6,8,9,10,12,15,16,17,18,19,20,27,28,29,33,38,46, 47,48	23
第二卷	9,11	2
第三卷	1,3,14,17,28,30,31,35	8
第四卷	5,6,11	3
第五卷	5,11,14,15,16,17,18	7

续表

卷	选入命题编号	选入命题个数
第六卷	1,13,28,30,31	5
第七卷	1,22,33	3
第八卷	1,2	2
第九卷	8,18,20	3
第十卷	1,2,3,5,115	5
第十一卷	3,4,6,17,19,26,27,31,37,39	10
第十二卷	1,3	2
第十三卷	7,8,18	3

表7　未选入但被引用的命题(共77个)

编号	命题
I.2	由给定点(作为一个端点)作一条线段等于已知线段。
I.7	在同一条线段上,不可能作出分别等于给定两条相交线段的另外两条线段,它们与给定两条线段有相同的端点,但相交于原线段同一侧的不同点。
I.11	由给定直线上的给定点作直线与之成直角。
I.13	若一条直线成角度立在另一条直线上,则可以肯定,所成角度或者是两个直角,或者其和等于两个直角。
I.14	若两条直线不在某一条直线的同一侧,并在后者上一点所成邻角之和等于两个直角,则这两条直线在同一直线上。
I.23	在给定直线上的给定点作直线角等于给定的直线角。
I.26	若两个三角形有两个角分别等于两个角,而且有一边等于一边(这条边或者在两个等角之间,或者是一个等角的对向边),则这两个三角形也有剩余诸边等于对应的剩余诸边,剩余角等于剩余角。

编号	命题
I.31	过给定点作直线平行于给定直线。
I.32	任意三角形的外角等于二内对角之和,而三个内角之和等于两个直角。
I.34	平行四边形中对边与对角彼此相等,且它被对角线等分。
I.35	同底且在相同平行线之间的平行四边形彼此相等。
I.36	在相等底边上且在相同平行线之间的平行四边形相等。
I.41	若一个平行四边形与一个三角形有相同底边,并且它们在相同的平行线之间,则平行四边形的面积是三角形的两倍。
I.43	对于任何平行四边形,其关于对角线的两个补形相等。
II.5	若一条线段被截为相等的两段与不相等的两段,则不相等的两段所夹矩形加上相等段与不相等段之差上的正方形,等于原线段一半上的正方形。
II.6	若等分一条线段并接续另一条线段于同一条直线上,则包括所加上线段的整条线段与所加上线段所夹矩形与原线段一半上的正方形之和等于原线段一半与所加上线段之和上的正方形。
III.16 推论	由此显然可知,在圆的直径的端点所作与直径成直角的直线与圆相切{并且该直线与圆只相遇于一点,因为已经证明了与圆相遇于两点的直线落在圆内[命题III.2]}。这就是需要证明的。
III.22	圆内接四边形对角之和等于两个直角。

编号	命题
Ⅲ.26	在相等的圆中,无论是中心角还是圆周角,相等的角都立在相等的圆弧上。
Ⅲ.27	在相等的圆中,无论是中心角还是圆周角,立在相等圆弧上的角彼此相等。
Ⅲ.29	在相等的圆中,相等的弦对向相等的圆弧。
Ⅲ.32	若直线与圆相切,由切点在圆中作弦把圆分为两部分,则该弦与切线所成的角等于另一弓形中的角。
Ⅳ.10	作一个等腰三角形,它的每个底角都是顶角的两倍。
Ⅳ.14	对给定等边等角五边形作外接圆。
Ⅴ.1	若有任意多个量,分别是个数相同的某些其他量的同倍量,则第一组中的一个量被第二组中的一个量分成的份数,也等于第一组中的所有量之和被第二组中的所有量之和分成的份数。
Ⅴ.2	若第一量与第三量分别是第二量与第四量的同倍量;第五量与第六量也分别是第二量与第四量的同倍量。则第一量及第五量之和与第三量及第六量之和,也分别是第二量与第四量的同倍量。
Ⅴ.7	相等诸量与同一量有相同的比,并且该量与相等诸量有相同的比。
Ⅴ.7 推论	成比例诸量之反比亦成比例。
Ⅴ.8	对于不相等的量,较大量与某量之比大于较小量与该量之比。而该量与较小量之比大于它与较大量之比。
Ⅴ.9	与相同量有相同比的诸量彼此相等。相同量与之有相同比的诸量相等。

編号	命题
V.10	几个量比同一个量,有较大比者较大。同一个量比几个量,有较大比者较小。
V.12	若任意多个量成比例,则前项之一比后项之一,如同所有前项之和比所有后项之和。
V.13	若第一量比第二量如同第三量比第四量,但第三量比第四量大于第五量比第六量,则第一量比第二量大于第五量比第六量。
V.22	若有任意多个量及相同个数的其他各组量,所有各组中诸量的两两之比皆相同,则对它们有首末比例成立。
V.24	若第一量比第二量如同第三量比第四量,且第五量比第二量如同第六量比第四量,则第一量与第五量之和比第二量也如同第三量与第六量之和比第四量。
VI.2	若作一条直线平行于三角形的一边,则它按比例分割三角形的另外两边。而若三角形的两边被按比例分割,则分割点的连线平行于三角形的第三边。
VI.4	等角三角形中夹等角的边成比例,对向相等角的边相对应。
VI.6	若两个三角形有一个角等于一个角,且夹等角的两边对应成比例,则这两个三角形等角,且对向对应边的角相等。
VI.8	若在直角三角形中由直角向底边作垂线,则垂线两侧的三角形彼此相似并与整个三角形相似。
VI.8 推论	由此显然可知,若在直角三角形中,由直角顶向底边作垂线,则该垂线是底边被分成的两段的比例中项。这就是需要证明的。

编号	命题
Ⅵ.12	求与给定的三条线段成比例的第四条线段。
Ⅵ.14	相等且等角的平行四边形中,夹等角的边互成反比例。而在那些等角的平行四边形中,若夹等角的边互成反比例,则它们的面积相等。
Ⅵ.18	在给定线段上作一个直线图形与给定直线图形相似且位置相似。
Ⅵ.19 推论	由此显然可知,若三条线段成比例,则第一条与第三条之比,如同第一条上所作图形与第二条上所作相似且位置相似图形之比。
Ⅵ.21	与同一直线图形相似的直线图形彼此相似。
Ⅵ.25	构建一个直线图形与给定直线图形相似,并且等于另一个不同的给定直线图形。
Ⅵ.26	若从一个平行四边形减去一个与之相似且位置相似,并有一个公共角的平行四边形,则减去的平行四边形与整个平行四边形的对角线共线。
Ⅵ.29	对给定线段适配一个等于给定直线图形的平行四边形,但超出一个与给定平行四边形相似的平行四边形。
Ⅵ.33	在相等的圆中,无论是中心角之比还是圆周角之比都等于它们所在圆弧之比。
Ⅶ.3	求三个不互素的数的最大公度。
Ⅶ.15	若一单位量尽某数的次数与另一数量尽其他某数的次数相同,于是由更比例也有,该单位量尽第三数的次数与第二数量尽第四数的次数相同。
Ⅶ.17	若一数分别乘两个数得到两个数,则乘积之比等于两被乘数之比。

续表

编号	命题
Ⅶ.18	若两个数乘一数得到两个其他数,则乘积之比等于两乘数之比。
Ⅶ.19	若四个数成比例,则第一数与第四数相乘得到的数等于第二数与第三数相乘得到的数。反之,若第一数与第四数相乘得到的数等于第二数与第三数相乘得到的数,则这四个数成比例。
Ⅶ.20	用有相同比的数组中最小的一组量度其他时,较大数量尽较大数的次数与较小数量尽较小数的次数相同。
Ⅶ.21	互素的数是与之有相同比数对中的最小者。
Ⅶ.27	若两个数互素,则它们的自乘积也互素,又若原来两个数与上述自乘积分别相乘得到更多数,则它们也互素 [且以此类推,直至无穷]。
Ⅶ.28	若两个数互素,则其和与它们每个也互素。反过来,若两个数之和与它们中任一个互素,则原来两个数也互素。
Ⅶ.31	每个合数都被某个素数量尽。
Ⅶ.36	求被三个给定数都量尽的最小数。
Ⅷ.22	若三个数成连比例,且第一数是平方数,则第三数也是平方数。
Ⅷ.23	若四个数成连比例,且第一数是立方数,则第四数也是立方数。
Ⅸ.16	若两个数互素,则第一数比第二数不会如同第二数比某个其他数。
Ⅹ.20	若把有理面积适配于有理线段,则产生的宽是有理线段,并与原线段长度可公度。

编号	命题
XI.2	若两条直线彼此相交,则它们在一个平面中,用两条直线的截段构成的每个三角形都在该平面中。
XI.5	若一条直线与三条相交于一点的直线在交点处成直角,则这三条直线在同一平面中。
XI.10	若两条相交直线分别平行于不在同一平面中的两条相交直线,则它们的夹角相等。
XI.11	由平面外给定点作给定平面的垂线。
XI.12	由给定平面中给定点作一条直线与给定平面成直角。
XI.13	不可能在一个平面中的同一点向同一侧作两条与该平面成直角的直线。
XI.16	若两个平行平面被另一个平面所截,则截得的交线是平行的。
XI.24	若一个立体图形由六个平行平面围成,则相对平面相等且都是平行四边形。
XI.25	若相互连接的两条直线平行于另一平面中相互连接的两条直线,则通过它们的平面相互平行。
XI.28	若一个平行六面体被通过一对相对面的两条对角线的一个平面所截,则该立体被该平面等分。
XI.29	同底等高且侧棱的上端点在相同直线上的平行六面体相等。
XI.30	同底等高且侧棱的上端点不在相同直线上的平行六面体相等。
XI.33	相似平行六面体之比是其对应边之立方比。

第一卷　平面几何基础

内容提要[①]

本卷包含了公理、公设和平面几何的主要定义。对之用图表的形式总结于图 1.1 和图 1.2,读者可以由此得到一个简明扼要的概念。

---

① 本书的"内容提要"由译者编写,目的在于帮助读者更好地理解原著的总体及其主要内容。

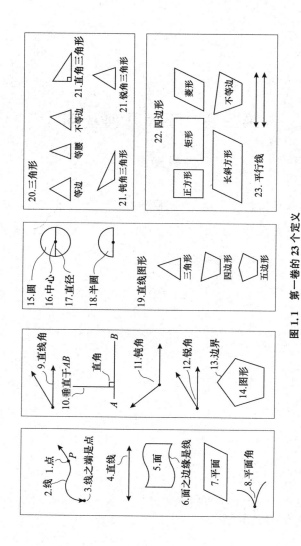

图 1.1 第一卷的 23 个定义

图 1.2 第一卷的公设与公理

第一卷的 48 个命题可以分为四部分,如表 1.1 所示。陈述了平面几何的基本概念和结果。本卷的最重要结果是第四部分,勾股定理及逆定理,命题 I.47 与 I.48。前三部分在一定程度上都为它们作了铺垫。

表 1.1 第一卷中的命题汇总

I.1—26	A:平面几何学基础,未涉及平行线
I.27—32	B:平行线与相关的同旁内角、内错角和同位角等
I.33—45	C:平行四边形及其面积
I.46—48	D:勾股定理及逆定理

定义

1.**点**是无部分之物。

2.**线**是无宽之长。

3.线之**端**是点。

4.**直线**是点在其上平坦放置之线。

5.**面**是只有长与宽之物。

6.面之**边缘**是线。

7.**平面**是直线在其上平坦放置之面。

8.**平面角**是一个平面中不在一条直线上的两条相交线之间的倾斜度。

9.若夹一个角的两条线皆为直线,则这个角称为**直线角**。

10.若一条直线立在另一条直线上所成二邻角彼此相等,则每一个相等的角都是直角,并称前一条直线**垂直于**后一条直线。

11.大于直角之角是**钝角**。

12.小于直角之角是**锐角**。

13. **边界**是某物之边缘。

14. **图形**是一条或多条边界围成之物。

15. **圆**是一条线[称为圆周]围成的平面图形,由图形内一点[向圆周]辐射得到的所有线段彼此相等。

16. 该点称为**圆心**。

17. 圆的**直径**是过圆心所作在每个方向上都终止于圆周的任意线段,任何这样的线段把圆等分为两半。

18. **半圆**是直径及它截取的圆弧围成的图形。半圆的中心与圆心相同。

19. **直线图形**由直线段围成,**三角形**由三条线段围成,**四边形**由四条线段围成,**多边形**由四条以上线段围成。

20. 在三角形中,有三条相等边的是**等边三角形**,只有两条相等边的是**等腰三角形**,有三条不相等边的是**不等边三角形**。

21. 在三角形中,有一个直角的是**直角三角形**,有一个钝角的是**钝角三角形**,以及有三个锐角的是**锐角三角形**。

22. 在四边形中,直角的且等边的是**正方形**,直角的但不等边的是**矩形**,不是直角的但等边的是**菱形**,对边相等且对角相等,但既不等角又不等边的是**长斜方形**①。除此之外的四边形都称为不等边四边形。

23.**平行线**是这样一些直线,它们在同一平面中,可在每个方向无限延长,但在任一方向上彼此都不相交。

公设

1.由任意点至任意点可以作一条直线。

2.有限长直线可以在直线上持续延长。

3.以任意中心点及任意距离可以作一个圆。

4.所有直角彼此相等。

5.若一条直线与另外两条直线相交,且在其同一侧所成二内角之和小于两个直角,则这另外两条直线无限延长后在这一侧,而不在另一侧相交。

公理

1.等于同一物之物彼此相等。

---

① 即平行四边形。——译者注

2．若把相等物加于相等物，则所成之全体相等。

3．若由相等物减去相等物，则剩余物相等。

4．彼此重合之物相等。

5．整体大于部分。

命题 1

在给定线段上作等边三角形。

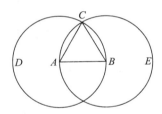

设 AB 是给定线段。

故要求的是在线段 AB 上作一个等边三角形。

以中心 A 及半径 AB 作圆 BCD［公设 3］，又以中心 B 及半径 BA 作圆 ACE［公设 3］。并由两个圆的交点 C 至点 A，B 分别连线 CA，CB［公设 1］。

由于点 A 是圆 CDB 的圆心，AC 等于 AB［定义 I.15］。再者，由于点 B 是圆 CAE 的圆心，BC 等于

BA[定义 I.15]。但已证明 CA 等于 AB。因此,CA,CB 等于 AB。但等于同一物之物彼此相等[公理 1]。因此,CA 也等于 CB。于是,三条线段 CA,AB,BC 彼此相等。

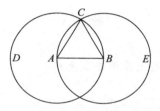

(注:为方便读者阅读,译者将 45 页图复制到此处。)

这样,三角形 ABC 是等边三角形并作在给定线段 AB 上。这就是需要做的。

命题 3

对于给定的两条不相等线段,由较大者截取一段等于较小者。

设 AB 与 C 是给定的两条不相等线段,其中 AB 较大。故要求的是由较大的 AB 截取一段等于较小的 C。

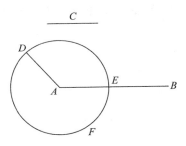

把等于线段 C 的线 AD 置于点 A[命题 I.2]。以 A 为中心，AD 为半径作圆 DEF[公设 3]。

由于 A 是圆 DEF 的圆心，故 AE 等于 AD[定义 I.15]。但 C 也等于 AD。于是，AE 与 C 都等于 AD。故 AE 也等于 C[公理 1]。

这样，对于给定的两条不相等线段 AB 与 C，由较大线段 AB 截取了等于较小线段 C 的 AE。这就是需要做的。

命题 4

若两个三角形有两边分别等于两边，且这两边所夹的角也相等，则它们的底边相等，两个三角形全等，相等边对向的剩余诸角,分别等于对应的剩余诸角。

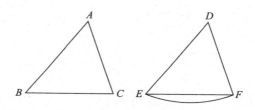

设 ABC,DEF 是两个三角形,边 AB,AC 分别等于边 DE,DF,即 AB 等于 DE,AC 等于 DF。并且角 BAC 等于角 EDF。我说底边 BC 也等于底边 EF,且三角形 ABC 等于三角形 DEF,等边对向的剩余角等于对应的剩余角。也就是 ABC 等于 DEF,ACB 等于 DFE。

其理由如下。若把三角形 ABC 与三角形 DEF 贴合,点 A 置于点 D,边 AB 置于 DE,则考虑到 AB 等于 DE,点 B 与点 E 重合。又因为 AB 与 DE 重合,考虑到角 BAC 等于 EDF,线段 AC 也与 DF 重合。又考虑到 AC 等于 DF,点 C 也与点 F 重合。但点 B 肯定也与点 E 重合,故底边 BC 与底边 EF 重合。其理由如下。若 B 与 E,C 与 F 重合,而 BC 不与 EF 重合,则两条直线将围成一个面积,而这是不可能的[公设 1]。因此,底边

BC 与 EF 重合并等于它[公理 4]。故整个三角形 ABC 与整个三角形 DEF 重合并等于它[公理 4]。且剩余诸角与剩余诸角重合,并与它们相等[公理 4]。即 ABC 等于 DEF,且 ACB 等于 DFE[公理 4]。

这样,若两个三角形有两边分别等于两边,且这两边所夹的角也相等,则它们的底边相等,两个三角形全等,相等边对向的剩余诸角,分别等于对应的剩余诸角。这就是需要证明的。

命题 5

等腰三角形的两个底角彼此相等,延长两条相等边后底边下方的两个角也相等。

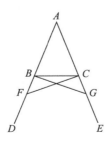

设 *ABC* 是一个等腰三角形，边 *AB* 等于边 *AC*，且设直线 *BD*，*CE* 分别是 *AB*，*AC* 的延长[公设 2]。我说角 *ABC* 等于 *ACB*，角 *CBD* 等于 *BCE*。

其理由如下。设在 *BD* 上任取一点 *F*，并设在较大的 *AE* 上截取一段 *AG* 等于较小的 *AF*[命题 I.3]。连接 *FC*，*GB*[公设 1]。

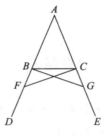

（注：为方便读者阅读，译者将 49 页图复制到此处。）

事实上，由于 *AF* 等于 *AG* 及 *AB* 等于 *AC*，两边 *FA*，*AC* 分别等于两边 *GA*，*AB*，且它们夹公共角 *FAG*。因此，底边 *FC* 等于底边 *GB*，三角形 *AFC* 全等于三角形 *AGB*，等边对向的剩余诸角等于对应的剩余诸角[命题 I.4]。也就是 *ACF* 等于 *ABG*，*AFC* 等于 *AGB*。且由于整个 *AF* 等于整个 *AG*，在其中 *AB* 等于 *AC*，因此

剩余的 *BF* 等于剩余的 *CG*［公理 3］。但 *FC* 已被证明
等于 *GB*。故两边 *BF*,*FC* 分别等于两边 *CG*,*GB*,且角
BFC 等于角 *CGB*,而底边 *BC* 是它们的公共边。因此,
三角形 *BFC* 全等于三角形 *CGB*,且等边对向的剩余诸
角等于对应的剩余诸角［命题 Ⅰ.4］。于是,*FBC* 等于
GCB,*BCF* 等于 *CBG*。因此,由于整个角 *ABG* 已被证
明等于整个角 *ACF*,且其中 *CBG* 等于 *BCF*,剩下的
ABC 因此等于剩下的 *ACB*［公理 3］。且它们都在三角
形的底边 *BC* 的上方。以及 *FBC* 也已被证明等于
GCB。且它们都在底边的下方。

这样,等腰三角形的两个底角彼此相等,延长两条相
等边后底边下方的两个角也相等。这就是需要证明的。

命题 6

若一个三角形中有两个角彼此相等,则对向等角的
两边也彼此相等。

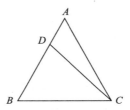

设在三角形 ABC 中，角 ABC 等于角 ACB。则我说边 AB 等于边 AC。

其理由如下。若 AB 不等于 AC，其中必有一个较大，设 AB 较大。在较大的 AB 上截取 DB 等于较小的 AC[命题 I.3]。连接 DC[公理 1]。

因此，由于 DB 等于 AC，且 BC 为公共边，两边 DB，BC 分别等于两边 AC，CB，且角 DBC 等于角 ACB。所以，边 DC 等于边 AB，三角形 DBC 全等于三角形 ACB[命题 I.4]，即较小者等于较大者。而这是荒谬的[公理 5]。于是 AB 不能不等于 AC。因此它们是相等的。

这样，若三角形有两个角彼此相等，则对向等角的两边也彼此相等。这就是需要证明的。

命题 8

若两个三角形有两边分别等于两边,且它们的底边也相等,则相等边的夹角也相等。

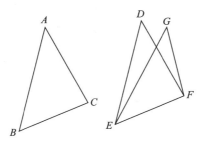

设两个三角形 ABC,DEF 有两边 AB,AC 分别等于两边 DE,DF,即 AB 等于 DE,AC 等于 DF。设也有底边 BC 等于底边 EF。我说角 BAC 也等于角 EDF。

其理由如下。若贴合三角形 ABC 于三角形 DEF,点 B 置于点 E,线段 BC 置于 EF,则因为 BC 等于 EF,点 C 也与 F 重合。因为 BC 与 EF 重合,边 BA,CA 也分别与 ED,DF 重合。其理由如下。若底边 BC 与底

边 EF 重合,但边 AB,AC 并不与边 DE,DF 分别重合,而是错开如同 EG,GF,则我们需要在一条直线的上方,分别作等于两条给定相交直线的另外两条直线,它们有相同的端点,但相交于该直线同一侧的不同点。但是不可能作出这样的直线[命题 I.7]。于是,若底边 BC 贴合于底边 EF,边 BA,AC 不可能不分别与 ED,DF 重合。因此它们重合。角 BAC 也与角 EDF 重合,且它们相等[公理 4]。

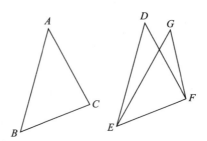

(注:为方便读者阅读,译者将 53 页图复制到此处。)

这样,若两个三角形有两边分别等于两边,且它们的底边也相等,则相等边的夹角也相等。这就是需要证明的。

命题 9

等分给定直线角。

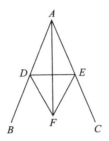

设 BAC 是给定的直线角, 故要求的是把它等分。

在 AB 上任取一点 D, 并设由 AC 截下 AE 等于 AD[命题 I.3], 连接 DE。并在 DE 上作等边三角形 DEF[命题 I.1], 连接 AF。我说角 BAC 被直线 AF 等分。

其理由如下。由于 AD 等于 AE, 且 AF 是公共的, 两边 DA, AF 分别等于两边 EA, AF。且底边 DF 等于底边 EF。因此, 角 DAF 等于角 EAF[命题 I.8]。

这样, 给定直线角 BAC 被直线 AF 等分。这就是需要做的。

命题 10

等分给定线段。

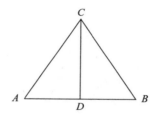

设 *AB* 是给定线段。故要求的是把 *AB* 等分。

设在 *AB* 上作等边三角形 *ABC*[命题 I.1],并设角 *ACB* 被直线 *CD* 等分[命题 I.9]。我说线段 *AB* 在点 *D* 被等分。

其理由如下。由于 *AC* 等于 *BC*,且 *CD* 是公共的,则两边 *AC*,*CD* 分别等于两边 *BC*,*CD*。以及角 *ACD* 等于角 *BCD*。因此,底边 *AD* 等于底边 *BD*[命题 I.4]

这样,给定线段 *AB* 在点 *D* 被等分。这就是需要做的。

命题 12

由不在给定无限长直线上的给定点作一条直线与之成直角。

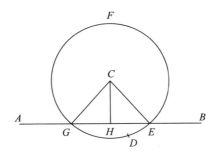

设 AB 是给定的无限长直线，C 是不在 AB 上的给定点。故要求的是由不在 AB 上的给定点 C 作一条直线垂直于无限长直线 AB。

设在 AB 相对于 C 的另一侧任取一点 D，以 C 为中心，CD 为半径作圆 EFG [公设 3]，并设线段 EG 在点 H 被等分 [命题 I.10]，连接 CG，CH，CE。我说直线 CH 是由不在给定直线 AB 上的给定点 C 所作的与 AB 成直角的直线。

其理由如下。由于 GH 等于 HE，HC 是公共的，

两边 GH, HC 分别等于两边 EH, HC, 且底边 CG 等于底边 CE。因此, 角 CHG 等于角 EHC[命题 I.8], 且它们是邻角。但若一条直线立在另一条直线上所成二邻角彼此相等, 则每一个相等的角都是直角, 并称前一条直线垂直于后一条直线[定义 I.10]。

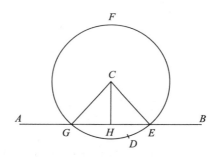

（注：为方便读者阅读，译者将 57 页图复制到此处。）

这样, 直线 CH 是由不在给定无限长直线 AB 上的给定点 C 所作的 AB 的垂线。这就是需要做的。

命题 15

两条直线交成的对顶角相等。

设直线 AB 与 CD 交于点 E, 我说角 AEC 等于角

DEB,以及角 *CEB* 等于角 *AED*。

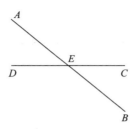

其理由如下。由于直线 *AE* 立在直线 *CD* 上所成角 *CEA*，*AED* 之和等于两个直角[命题Ⅰ.13]。再者，由于直线 *DE* 立在直线 *AB* 上所成角 *AED*，*DEB* 之和也等于两个直角[命题Ⅰ.13]。但 *CEA*，*AED* 之和也已被证明等于两个直角。因此，*CEA*，*AED* 之和等于 *AED*，*DEB* 之和[公理1]。从二者各减去 *AED*。于是，剩下的 *CEA* 等于剩下的 *BED*[公理3]。类似地可证明 *CEB* 与 *DEA* 也相等。

这样，两条直线交成的对顶角相等。这就是需要证明的。

命题 16

延长任意三角形的一边,则外角大于每一个内对角。

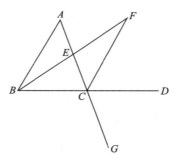

设 ABC 是一个三角形,并设延长它的一边 BC 到点 D。我说外角 ACD 大于内对角 CBA,BAC 的每一个。

设 AC 被等分于点 E[命题 I.10]。连接 BE 并延长它至点 F。作 EF 等于 BE[命题 I.3],连接 FC,并作 AC 通过 G。

因此,由于 AE 等于 EC,BE 等于 EF,故两边 AE,EB 分别等于两边 CE,EF。并且,角 AEB 等于角 FEC,因为它们是对顶角[命题 I.15]。因此,底边 AB

等于底边 FC,三角形 ABE 全等于三角形 FEC,等边对向的剩余角对应相等[命题 I.4]。所以,BAE 等于 ECF。但 ECD 大于 ECF。因此,ACD 大于 BAE。类似地,通过等分 BC 可证明 BCG(即 ACD)也大于 ABC。

这样,延长任意三角形的一边,则外角大于每一个内对角。这就是需要证明的。

命题 17

任意三角形中任意二角之和小于两个直角。

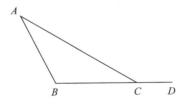

设 ABC 是一个三角形,我说三角形 ABC 的任意二角之和小于两个直角。

其理由如下。延长 BC 至 D。

由于角 ACD 是三角形 ABC 的外角,它大于内对角

ABC[命题 I.16]。对二者都加上 ACB。于是,ACD,ACB 之和大于 ABC,BCA 之和。但是,角 ACD,ACB 之和等于两个直角[命题 I.13]。因此,ABC,BCA 之和小于两个直角。类似地,我们可以证明 BAC,ACB 之和也小于两个直角,而且,CAB,ABC 之和也是如此。

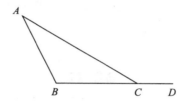

(注:为方便读者阅读,译者将 61 页图复制到此处。)

　　这样,任意三角形中任意二角之和小于两个直角。这就是需要证明的。

命题 18

任意三角形中大边对向大角。

　　设三角形 ABC 中边 AC 大于 AB。我说角 ABC 也大于 BCA。

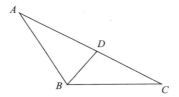

由于 AC 大于 AB，取 AD 等于 AB［命题 I.3］，并连接 BD。

由于角 ADB 是三角形 BCD 的外角，它大于内对角 DCB［命题 I.16］。但 ADB 等于 ABD，因为边 AB 也等于边 AD［命题 I.5］。因此，ABD 也大于 ACB，所以 ABC 比 ACB 更大。

这样，在任意三角形中，大边对向大角。这就是需要证明的。

命题 19

任意三角形中大角被大边对向。

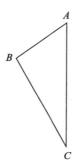

设在三角形 ABC 中,角 ABC 大于 BCA。我说边 AC 也大于边 AB。

其理由如下。如若不然,则 AC 肯定小于或者等于 AB。事实上,AC 不等于 AB。否则角 ABC 也会等于角 ACB[命题 I.5]。但事实并非如此。因此,AC 不等于 AB。事实上,AC 也不小于 AB。否则角 ABC 也会小于角 ACB[命题 I.18]。但事实并非如此。因此,AC 不小于 AB。但已证明 AC 也不等于 AB。因此,AC 大于 AB。

这样,在任意三角形中,大角被大边对向。这就是需要证明的。

命题 20

任意三角形中任意两边之和大于第三边。

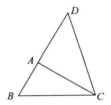

设 ABC 是一个三角形。我说在三角形 ABC 中，任意两边之和大于第三边。故 BA 与 AC 之和大于 BC，AB 与 BC 之和大于 AC，BC 与 CA 之和大于 AB。

其理由如下。作 BA 通过点 D，并使 AD 等于 CA〔命题 I.3〕，连接 DC。

因此，由于 DA 等于 AC，角 ADC 也等于 ACD〔命题 I.5〕。因此，BCD 大于 ADC。由于三角形 DCB 中角 BCD 大于 BDC，且大角对向大边〔命题 I.19〕，所以 DB 大于 BC。但 DA 等于 AC。因此，BA 与 AC 之和大于 BC。类似地，我们可以证明 AB 与 BC 之和大于

CA，BC 与 CA 之和大于 AB。

这样，在任意三角形中，任意两边之和大于第三边。这就是需要证明的。

命题 27

若一条直线与两条直线相交形成的内错角①相等，则这两条直线相互平行。

设直线 EF 与两条直线 AB，CD 相交所成的内错角 AEF，EFD 相等，我说 AB 与 CD 相互平行。

其理由如下。如若不然，则 AB 与 CD 延长后必相交：或者在 B 与 D 的方向，或者在 A 与 C 的方向［定义

---

① 内错角及下面将用到的同位角和同旁内角的定义如下。

设直线 L_1 平行于直线 L_2，则图中有四对同位角：$\angle 1$ 与 $\angle 5$，$\angle 2$ 与 $\angle 6$，$\angle 3$ 与 $\angle 7$ 及 $\angle 4$ 与 $\angle 8$，两对内错角：$\angle 3$ 与 $\angle 5$，$\angle 4$ 与 $\angle 6$，以及两对同旁内角：$\angle 3$ 与 $\angle 6$，$\angle 4$ 与 $\angle 5$。——译者注

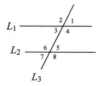

Ⅰ.23]。设它们已延长,并设它们在 B 与 D 的方向相交
于点 G。故对三角形 GEF,外角 AEF 等于内对角
EFG,而这是不可能的[命题 Ⅰ.16]。因此,AB 与 CD
延长后不会相交于 B 与 D 的方向。类似地可以证明,
它们也不在 A 与 C 的方向相交。但不在任何方向相交
的直线是平行的[定义 Ⅰ.23]。因此,AB 与 CD 是平
行的。

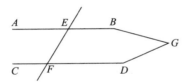

这样,若一条直线与两条直线相交形成的内错角相
等,则这两条直线相互平行。这就是需要证明的。

命题 28

若一条直线与两条直线相交所成的同位角相等,或
者同旁内角之和等于两个直角,则这两条直线相互平行。

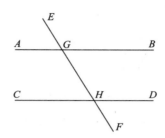

设 EF 与两条直线 AB，CD 相交所成的同位角 EGB 与 GHD 相等，或者所成的同旁内角 BGH，GHD 之和等于两个直角，我说 AB 平行于 CD。

其理由如下。由于（在第一种情况）EGB 等于 GHD，但 EGB 等于 AGH［命题 Ⅰ.15］，AGH 因此也等于 GHD。并且它们是内错角。于是，AB 平行于 CD［命题 Ⅰ.27］。

再者，由于（在第二种情况）BGH，GHD 之和等于两个直角，且 AGH，BGH 之和也等于两个直角［命题 Ⅰ.13］，AGH，BGH 之和因此等于 BGH，GHD 之和。从二者各减去 BGH。于是，剩下的角 AGH 等于剩下的角 GHD，且它们是内错角。因此，AB 平行于 CD［命题 Ⅰ.27］。

这样,若一条直线与两条直线相交所成的同位角相等,或者所成的同旁内角之和等于两个直角,则这两条直线相互平行。这就是需要证明的。

命题 29

一条直线与两条平行直线相交所成的内错角相等、同位角相等,且同旁内角之和等于两个直角。

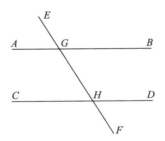

设直线 *EF* 与两条平行直线 *AB* 及 *CD* 相交。我说它们形成的内错角 *AGH* 与 *GHD* 相等,同位角 *EGB* 与 *GHD* 相等,且同旁内角 *BGH* 与 *GHD* 之和等于两个直角。

其理由如下。若 *AGH* 不等于 *GHD*,则其中之一较大。设 AGH 较大。对二者各加上 BGH。于是，AGH, BGH 之和大于 BGH, GHD 之和。但是，AGH，BGH 之和等于两个直角[命题 I.13]。因此，BGH，GHD 之和小于两个直角。但同旁内角之和小于两个直角的二直线无限延长后相交[公设5]。因此，无限延长的 AB 与 CD 相交。但考虑到它们原来被假设为相互平行[定义 I.23]。因此 AGH 不可能不等于 GHD。于是它们相等。但 AGH 等于 EGB[命题 I.15]。且 EGB 因此也等于角 GHD。对二者各加上 BGH。于是 EGB, BGH 之和等于 BGH, GHD 之和。但 EGB，BGH 之和等于两个直角[命题 I.13]。因此，BGH，GHD 之和也等于两个直角。

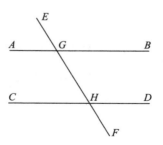

(注:为方便读者阅读,译者将69页图复制到此处。)

这样,一条直线与两条平行直线相交所成的内错角相等、同位角相等,且同旁内角之和等于两个直角。这就是需要证明的。

命题 33

在同一侧连接相等且平行线段的线段本身也相等且平行。

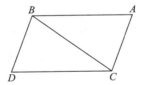

设 AB 与 CD 是相等且平行的线段,并设 AC 与 BD 分别在同一侧连接它们。我说 AC 与 BD 相等且平行。

连接 BC。由于 AB 平行于 CD,且因为 BC 与它们相交,内错角 ABC 与 BCD 彼此相等[命题 I.29]。由于 AB 等于 CD,BC 是公共的,两边 AB,BC 等于两边 DC,CB。又有角 ABC 等于角 BCD。因此,底边 AC 等于底边 BD,三角形 ABC 等于三角形 DCB,而剩余诸角也等于对应的相等边对向的剩余诸角[命题Ⅰ.4]。因此,角 *ACB* 等于 *CBD*。并且,由于直线 *BC* 与二直线 *AC*,*BD* 相交,形成的内错角(*ACB* 与 *CBD*)彼此相等,*AC* 因此平行于 *BD*[命题Ⅰ.27]。且 *AC* 也已被证明等于 *BD*。

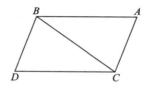

(注:为方便读者阅读,译者将 71 页图复制到此处。)

这样,在同一侧连接相等且平行线段的线段本身也相等且平行。这就是需要证明的。

命题 38

在相等的底边上且在相同的平行线之间的三角形彼此相等。

设 *ABC* 与 *DEF* 分别是在相等的底边 *BC* 与 *EF* 上,且在相同的平行线 *BF* 与 *AD* 之间的三角形。我说三角形 *ABC* 等于三角形 *DEF*。

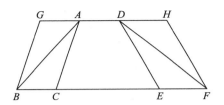

其理由如下。在 G 与 H 两个方向上延长 AD,并过 B 作线段 BG 平行于 CA[命题 I.31],又过 F 作 FH 平行于 DE[命题 I.31]。于是,$GBCA$ 与 $DEFH$ 都是平行四边形,且 $GBCA$ 等于 $DEFH$。因为它们在相等的底边 BC 与 EF 上,且位于相同平行线 BF 与 GH 之间[命题 I.36]。并且三角形 ABC 是平行四边形 $GBCA$ 的一半。因为对角线 AB 把后者等分[命题 I.34]。三角形 FED 是平行四边形 $DEFH$ 的一半。因为对角线 DF 把后者等分。而相等物之半彼此相等。于是,三角形 ABC 等于 DEF。

这样,在相等的底边上且在相同的平行线之间的三角形彼此相等。这就是需要证明的。

命题 46

在给定线段上作一个正方形。

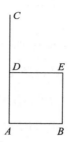

设 AB 是给定线段,故要求的是在线段 AB 上作一个正方形。

设由线段 AB 上点 A 作线段 AC 与 AB 成直角[命题 I.11],取 AD 等于 AB[命题 I.3]。通过点 D 作 DE 平行于 AB[命题 I.31],通过点 B 作 BE 平行于 AD[命题 I.31],于是 $ADEB$ 是平行四边形。因此,AB 等于 DE 及 AD 等于 BE[命题 I.34]。但 AB 等于 AD。因此,四条边 BA,AD,DE,EB 彼此相等。于是,平行四边形 $ADEB$ 是直角的。我说它也是等边的。其理由如下。由于线段 AD 与平行线 AB,DE 相交,角 BAD 与

角 ADE 之和等于两个直角［命题Ⅰ.29］。但 BAD 是直角，因此，ADE 也是直角。且平行四边形的对边与对角彼此相等［命题Ⅰ.34］。因此，相对二角 ABE,BED 每个都是直角。于是，$ADEB$ 是直角的。且已证明它是等边的。

这样，$ADEB$ 是在线段 AB 上的一个正方形［定义Ⅰ.22］。这就是需要做的。

命题 47

在直角三角形中，对向直角的边上的正方形等于夹直角的两边上的正方形之和。[①]

设 ABC 是一个直角三角形，角 BAC 是直角。我说在 BC 上的正方形面积等于在 BA,AC 上的正方形面积之和。

---

① 这就是有名的勾股定理，或称毕达哥拉斯（Pythagoras）定理。商高于公元前 10 世纪发现"勾三股四弦五"这种特殊情况，古埃及人也知道这种特殊情况。毕达哥拉斯于公元前 6 世纪给出了一般证明。——译者注

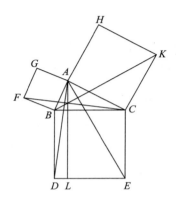

其理由如下。在 BC 上作正方形 $BDEC$，并分别在 AB,AC 上作正方形 GB,HC［命题 I.46］。过点 A 作 AL 平行于 BD 或 CE［命题 I.31］。连接 AD 与 FC。由于角 BAC 与 BAG 都是直角，于是，不在同侧的两边 AC,AG，与某一直线 BA 在点 A 处成两个邻角，其和等于两个直角，因此，CA 与 AG 在同一条直线上［命题 I.14］。同理，BA 也与 AH 在同一条直线上。且由于角 DBC 等于 FBA（因为二者都是直角），对它们各加上 ABC。所以，整个角 DBA 等于整个角 FBC。且由于 DB 等于 BC 及 FB 等于 BA，两边 DB,BA 分别等于两边 CB,BF。而且角 DBA 等于角 FBC。因此，底边 AD

等于底边 *FC*，三角形 *ABD* 全等于三角形 *FBC*[命题 I.4]。平行四边形 *BL* 的面积等于三角形 *ABD* 的两倍，因为它们有相同的底边 *BD* 且在相同的两条平行线 *BD* 与 *AL* 之间[命题 I.41]。正方形 *GB* 的面积是三角形 *FBC* 的两倍，因为它们有相同的底边 *FB* 且在相同的两条平行线 *FB* 与 *GC* 之间[命题 I.41]。[相等物加倍后彼此相等。]因此，平行四边形 *BL* 也等于正方形 *ABFG*。类似地，连接 *AE* 与 *BK*，也能证明平行四边形 *CL* 等于正方形 *HC*。于是，整个正方形 *BDEC* 等于两个正方形 *GB*，*HC* 之和。而正方形 *BDEC* 是作在 *BC* 上的，正方形 *GB*，*HC* 是分别作在 *BA*，*AC* 上的。因此，边 *BC* 上的正方形等于边 *BA*，*AC* 上的正方形之和。

　　这样，在直角三角形中，对向直角的边上的正方形等于夹直角的两边上的正方形之和。这就是需要证明的。

命题 48

　　若三角形一边上的正方形等于剩下的两边上的正方形之和，则剩下的两边之间的夹角是直角。

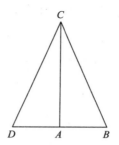

设三角形 *ABC* 一边 *BC* 上的正方形等于边 *BA*，
AC 上的正方形之和。我说角 *BAC* 是直角。

其理由如下。在点 *A* 作 *AD* 与 *AC* 成直角［命题
Ⅰ.11］，并使 *AD* 等于 *BA*［命题Ⅰ.3］，连接 *DC*。由于
DA 等于 *AB*，*DA* 上的正方形因此也等于 *AB* 上的正方
形。对二者各加上 *AC* 上的正方形。于是，*DA*，*AC* 上
的正方形之和等于 *BA*，*AC* 上的正方形之和。但 *DC* 上
的正方形等于 *DA*，*AC* 上的正方形之和。角 *DAC* 是直
角［命题Ⅰ.47］。但 *BC* 上的正方形等于 *BA*，*AC* 上的
正方形之和。因为已假设如此。于是，*DC* 上的正方形
等于 *BC* 上的正方形。故边 *DC* 也等于边 *BC*。又由于
DA 等于 *AB*，且 *AC* 为公共边，两边 *DA*，*AC* 等于两边
BA，*AC*。且底边 *DC* 等于底边 *BC*。因此，角 *DAC* 等

于角 BAC［命题Ⅰ.8］。但 DAC 是一个直角，因此，BAC 也是一个直角。

这样，若三角形一边上的正方形等于剩下的两边上的正方形之和，则剩下的两边之间的夹角是直角。这就是需要证明的。

第二卷 矩形的几何学,几何代数基础

内容提要

第二卷篇幅很短,只有两个定义:一个关于矩形,另一个关于拐尺形,即图 2.1 中带阴影的反 L 型图形,对角线两侧的平行四边形称为补形。可以证明二补形相等。该卷有 16 个命题,它们其实是一些代数式的几何表示,见表 2.1。

代数是后来阿拉伯人发明的,古希腊人用几何图形来表示代数式并作证明,颇具匠心。

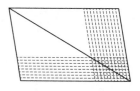

图 2.1 拐尺形

表 2.1　第二卷中的命题汇总，它们是代数式的几何表示

II.1	$a(b+c+d+\cdots)=ab+ac+ad+\cdots$
II.2	$ab+ac=a^2$，(若 $a=b+c$)
II.3	$a(a+b)=ab+a^2$
II.4	$(a+b)^2=a^2+b^2+2ab$
II.5	$ab+[(a+b)/2-b]^2=[(a+b)/2]^2$
II.6	$(2a+b)b+a^2=(a+b)^2$
II.7	$(a+b)^2+a^2=2(a+b)a+b^2$
II.8	$4(a+b)a+b^2=[(a+b)+a]^2$
II.9	$a^2+b^2=2\{[(a+b)/2]^2+[(a+b)/2-b]^2\}$
II.10	$(2a+b)^2+b^2=2[a^2+(a+b)^2]$
II.11	黄金分割
II.12	$BC^2=AB^2+AC^2-2AB\ AC\ cosBAC$， 因为 $\cos BAC=-AD/AB$
II.13	$AC^2=AB^2+BC^2-2AB\ BC\ cosABC$， 因为 $\cos ABC=BD/AB$
II.14	作一个正方形等于给定直线图形

定义

1. 邻边夹直角的平行四边形为**矩形**。

2. 在任何平行四边形中,跨在其对角线上的任意平行四边形与其两个补形一起称为**拐尺形**①。

命题 9

若一条线段被截为相等的两段与不相等的两段,则在不相等两段上的正方形之和,是原线段一半上的正方形,加上相等段与不相等段之差上的正方形之和。

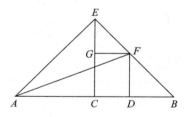

设线段 AB 在点 C 被截为相等的两段,又在点 D 被截为不相等的两段。我说 AD, DB 上的正方形之和

---

① 拐尺形得名自木工拐尺,但不一定成直角。也被称为 L 形。——译者注

等于 AC, CD 上的正方形之和的两倍。

其理由如下。设通过 C 作 EC 与 AB 成直角［命题 I.11］，并使它等于 AC 与 CB 的每一个［命题 I.3］，连接 EA 与 EB。又通过点 D 作 DF 平行于 EC［命题 I.31］，且通过点 F 作 FG 平行于 AB［命题 I.31］，连接 AF。由于 AC 等于 CE，角 EAC 也等于角 AEC［命题 I.5］。又由于在 C 的角是一个直角，三角形 AEC 的剩余诸角 EAC, AEC 之和因此也等于一个直角［命题 I.32］。并且它们相等。于是，角 CEA 与 CAE 都是直角的一半。同理，角 CEB 与 EBC 也都是直角的一半。因此，整个角 AEB 是直角。又由于 GEF 是直角的一半，而 EGF 是直角（因为它等于同位角 ECB［命题 I.29］）剩下的角 EFG 因此是直角的一半［命题 I.32］。所以，角 GEF 等于 EFG。故边 EG 也等于边 GF［命题 I.6］。再者，由于在 B 的角是直角的一半，且角 FDB 是一个直角（因为它又等于同位角 ECB［命题 I.29］），剩下的角 BFD 是直角的一半［命题 I.32］。于是，在 B 的角等于 DFB。故边 FD 也等于边 DB［命题 I.6］。且由于 AC 等于 CE，AC 上的正方形也等于 CE 上的正方形。于是,AC,CE 上的正方形之和,是 AC 上的正方形的两倍。而 EA 上的正方形,等于 AC,CE 上的正方形之和。因为角 ACE 是直角[命题 I.47]。因此,EA 上的正方形是 AC 上的正方形的两倍。再者,因为 EG 等于 GF,EG 上的正方形也等于 GF 上的正方形。而 EF 上的正方形等于 EG,GF 上的正方形之和[命题 I.47]。因此,EF 上的正方形是 GF 上的正方形的两倍。而 GF 等于 CD[命题 I.34]。因此,EF 上的正方形是 CD 上的正方形的两倍。而 EA 上的正方形,也是 AC 上的正方形的两倍。于是,AE,EF 上的正方形之和,是 AC,CD 上的正方形之和的两倍。而 AF 上的正方形,等于 AE,EF 上的正方形之和。因为角 AEF 是直角[命题 I.47]。所以,AF 上的正方形是 AC,CD 上的正方形之和的两倍。而 AD,DF 上的正方形之和,等于 AF 上的正方形。因为在 D 的角是直角[命题 I.47]。因此,AD,DF 上的正方形之和,是 AC,CD 上的正方形之和的两倍。而 DF 等于 DB。所以,AD,DB 上的正方形之和等于 AC,CD 上的正方形之和的两倍。

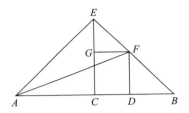

(注:为方便读者阅读,译者将 82 页图复制到此处。)

这样,若一条线段被截为相等的两段和不相等的两段,则在不相等两段上的正方形之和,是原线段一半上的正方形,加上相等与不相等段之差上的正方形之和。这就是需要证明的。

命题 11[①]

分给定线段为两段,使整条线段与其中一段所夹矩形等于在另一段上的正方形。

----

① 这种分割线段的方式——使得整体与较大者之比等于较大者与较小者之比,经常被称为黄金分割。——译者注

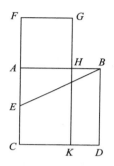

　　设 AB 是给定线段。故要求的是如此分割 AB,使得整条线段与其中一段所夹矩形等于另一段上的正方形。

　　在 AB 上作正方形 $ABDC$[命题 I.46],并在点 E 等分 AC[命题 I.10],连接 BE。延长 CA 至点 F,使 EF 等于 BE[命题 I.3]。在 AF 上作正方形 FH[命题 I.46],并延长 GH 至点 K。我说 AB 在 H 被分割,使得 AB,BH 所夹矩形等于 AH 上的正方形。

　　其理由如下。由于线段 AC 在 E 被等分,且 FA 被添加在其上,因此 CF,FA 所夹矩形加上 AE 上的正方形,等于 EF 上的正方形[命题 II.6]。且 EF 等于 EB。因此,CF,FA 所夹矩形加上 AE 上的正方形,等于 EB

上的正方形。但是,BA,AE 上的正方形之和等于 EB 上的正方形。因为在 A 的角是直角[命题 I. 47]。因此,CF,FA 所夹矩形加上 AE 上的正方形,等于 BA,AE 上的正方形之和。从二者各减去 AE 上的正方形。于是,剩下的 CF,FA 所夹矩形等于 AB 上的正方形。且 FK 是 CF,FA 所夹矩形。因为 AF 等于 FG。而 AD 是 AB 上的正方形,因此,矩形 FK 等于矩形 AD。从二者各减去矩形 AK。于是,剩下的正方形 FH 等于矩形 HD。又,HD 是 AB,BH 所夹矩形,因为 AB 等于 BD。且 FH 是 AH 上的正方形。所以,AB,BH 所夹矩形等于 HA 上的正方形。

这样,给定线段 AB 在点 H 被分成两段,使得 AB,BH 所夹矩形等于 HA 上的正方形。这就是需要证明的。

第三卷　圆的几何学

内容提要

这一卷讨论圆和弓形及与之相关的弦、弧、角、切线、割线等。本卷共有 11 个定义,列于图 3.1 中.37 个命题的分类及汇总见表 3.1。命题Ⅲ.1 求圆心,Ⅲ.30 二等分圆弧,虽然简单,却很重要。本卷的命题囊括了圆的几何学。

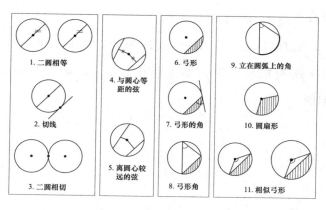

1. 二圆相等

2. 切线

3. 二圆相切

4. 与圆心等距的弦

5. 离圆心较远的弦

6. 弓形

7. 弓形的角

8. 弓形角

9. 立在圆弧上的角

10. 圆扇形

11. 相似弓形

图 3.1　第三卷的 11 个定义

表 3.1 第三卷中的命题分类及汇总

Ⅲ.1	求圆心
Ⅲ.2—15	A:圆中的弦及圆的相交与相切
Ⅲ.16—19	B:切线
Ⅲ.20—22	C_1:弓形和四分之一圆中的角
Ⅲ.23—29	C_2:弦、弧和角
Ⅲ.30	二等分圆弧
Ⅲ.31—34	C_3:更多关于圆中的角
Ⅲ.35—37	D:相交的弦、割线和切线

定义

1.直径相等,或从圆心到圆周的距离(即半径)相等的**圆相等**。

2.直线被称为**与圆相切**,若它与圆相遇,但延长后不会切割圆。

3.圆被称为彼此**相切**,若它们相遇但不相互切割。

4.圆内诸线段(弦)被称为**与圆心等距**,若由圆心到它们的垂线相等。

5.弦被称为**离圆心较远**,若由圆心向它所作的垂线较长。

6.**弓形**是一条弦与一段圆弧围成的图形。

7.**弓形的角**是弦与圆弧所夹的角。

8.**弓形(中的)角**是弓形圆弧上的任一点与圆弧两端的连线所夹的角。

9.若夹一个角的两条线段截下一段圆弧,则该角被称为**立在该圆弧上**。

10.夹中心角的两边以及被它们截下的圆弧围成的图形称为**圆扇形**。

11.含相等的角,或者其中的角彼此相等的弓形是

圆的相似弓形。

命题 1

求给定圆的圆心。

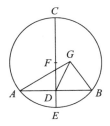

设 ABC 是给定圆。故要求的是找出圆 ABC 的圆心。

在 ABC 中任意作一条弦 AB，在点 D 等分 AB[命题 I.10]。由 D 作 DC 与 AB 成直角[命题 I.11]。并使 CD 通过 E。CE 在 F 被等分[命题 I.10]。我说点 F 是圆 ABC 的圆心。

其理由如下。如若不然，设 G 是圆心，连接 GA，GD，GB，检验是否可能。由于 AD 等于 DB，DG 是公共边，两边 AD，DG 分别等于两边 BD，DG。并且底边 GA 等于底边 GB，因为二者都是半径。因此角 ADG 等

于角 GDB［命题 I.8］。但是当一条直线立在另一条直线上,所成的角与其邻角相等时,这两个角都是直角［定义 I.10］。因此 GDB 是直角。且 FDB 也是直角,于是 FDB 等于 GDB,即较大角等于较小角,而这是不可能的,因此,点 G 不是圆 ABC 的圆心。类似地,我们可以证明,除了点 F 以外的任意其他点都不可能是圆心。

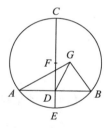

（注:为方便读者阅读,译者将 91 页图复制到此处。）

这样,点 F 是圆 ABC 的圆心。

命题 3

若圆中通过圆心的任意线段等分不通过圆心的任意弦,则它一定成直角截该弦。反之,若它成直角截一条弦,则它等分该弦。

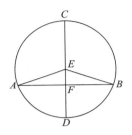

设 ABC 是一个圆，其中线段 CD 通过圆心，等分不通过圆心的弦 AB 于点 F。我说 CD 也成直角截 AB。

设圆 ABC 的圆心被找到[命题Ⅲ.1]为 E，连接 EA 与 EB。

由于 AF 等于 FB，FE 为公共边，三角形 AFE 的两边等于三角形 BFE 的两边。并且底边 EA 等于底边 EB。因此，角 AFE 等于角 BFE[命题Ⅰ.8]。而当一条直线立在另一条直线上使邻角彼此相等时，每个邻角都是直角[定义Ⅰ.10]。因此，AFE 与 BFE 每个都是直角。于是，等分不通过圆心的弦 AB 的通过圆心的线段 CD，也成直角截 AB。

又设 CD 成直角截 AB。我说它也等分 AB。也就是说，AF 等于 FB。

其理由如下。采用相同的构形,由于 EA 等于 EB,角 EAF 也等于 EBF[命题 I.5]。而直角 AFE 也等于直角 BFE。因此,EAF 与 EBF 是这样的两个三角形,它们有两个角等于两个角,以及一边等于一边,即它们的公共边 EF,该边对向的角相等。于是,两个三角形剩下的边也对应相等[命题 I.26]。因此 AF 等于 FB。

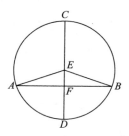

(注:为方便读者阅读,译者将 93 页图复制到此处。)

这样,若圆中通过圆心的任意线段等分不通过圆心的任意弦,则它一定成直角截该弦。反之,若它成直角截一条弦,则它等分该弦。这就是需要证明的。

命题 14

圆中相等的弦与圆心等距，而与圆心等距的弦彼此相等。

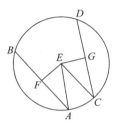

设 $ABDC$ 是一个圆，AB，CD 是其中相等的弦。我说 AB，CD 与圆心等距。

其理由如下。设已找到圆 $ABDC$ 的圆心为 E［命题Ⅲ.1］。由 E 向 AB，CD 分别作垂线 EF，EG［命题Ⅰ.12］。连接 AE 与 EC。

因此，由于通过圆心的线段 EF 成直角切割 AB，它也等分 AB［命题Ⅲ.3］。因此，AF 等于 FB。于是，AB 是 AF 的两倍。同理，CD 也是 CG 的两倍，而 AB 等于 CD，因此，AF 也等于 CG。且由于 AE 等于 EC，AE 上的正方形也等于 EC 上的正方形。但是，AF，EF 上的

正方形之和等于 AE 上的正方形,因为在 F 的角是直角〔命题 I.47〕。因此,AF,FE 上的正方形之和等于 CG,GE 上的正方形之和,其中 AF 上的正方形等于 CG 上的正方形,因为 AF 等于 CG。于是,剩下的 FE 上的正方形等于 EG 上的正方形。所以,EF 等于 EG。圆中的各条弦被称为与圆心等距,若由圆心向它们所作的垂线相等〔定义 III.4〕。于是,AB,CD 与圆心等距。

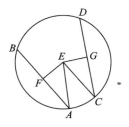

（注：为方便读者阅读，译者将95页图复制到此处。）

设弦 AB,CD 与圆心等距,即 EF 等于 EG。我说 AB 也等于 CD。

其理由如下。按照相同的构形,我们可以类似地证明 AB 是 AF 的两倍,CD 是 CG 的两倍。且由于 AE 等于 CE,AE 上的正方形等于 CE 上的正方形。但是,EF,

FA 上的正方形之和等于 *AE* 上的正方形［命题 I.47］。而且，*EG*,*GC* 上的正方形之和等于 *CE* 上的正方形［命题 I.47］。因此 *EF*,*FA* 上的正方形之和等于 *EG*,*GC* 上的正方形之和，因为 *EF* 等于 *EG*。因此，剩下的 *AF* 上的正方形等于剩下的 *CG* 上的正方形，所以，*AF* 等于 *CG*。但 *AB* 是 *AF* 的两倍，*CD* 是 *CG* 的两倍，于是，*AB* 等于 *CD*。

这样，圆中相等的弦与圆心等距，且与圆心等距的弦彼此相等。这就是需要证明的。

命题 17

由给定点作直线与给定圆相切。

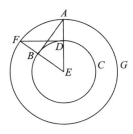

设 *A* 是给定点，*BCD* 是给定圆。故要求的是由点 *A* 作一条直线与圆 *BCD* 相切。

设圆的中心已找到为 E[命题Ⅲ.1]，连接 AE。以圆心 E 及半径 EA 作圆 AFG。由 D 作 DF 与 EA 成直角[命题Ⅰ.11]。连接 EF 与圆 BCD 相交于 B，连接 AB。我说由点 A 作出的线段 AB 与圆 BCD 相切。

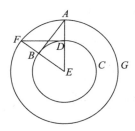

（注：为方便读者阅读，译者将 97 页图复制到此处。）

由于 E 是圆 BCD 与 AFG 的圆心，EA 因此等于 EF，ED 等于 EB。两边 AE，EB 分别等于两边 FE，ED。且它们在点 E 夹一个公共角。所以，边 DF 等于边 AB，三角形 DEF 全等于三角形 BEA，剩余诸角等于对应的剩余诸角[命题Ⅰ.4]。于是角 EDF 等于 EBA。而 EDF 是直角，故 EBA 也是直角。EB 是半径。而由圆的直径的端点所作与直径成直角的直线与该圆相切[命题Ⅲ.16 推论]。故 AB 与圆 BCD 相切。

这样,由给定点 A 作出了给定圆 BCD 的切线 AB。这就是需要做的。

命题 28

在相等的圆中,相等的弦截出相等的圆弧,优弧等于优弧,劣弧等于劣弧。

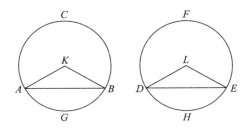

设 ABC 与 DEF 是相等的圆,AB 与 DE 是这两个圆中相等的弦,它们截出优弧 ACB,DFE 与劣弧 AGB,DHE。我说优弧 ACB 等于优弧 DFE,以及劣弧 AGB 等于劣弧 DHE。

其理由如下。设两个圆的中心已被找到,分别为 K 与 L[命题Ⅲ.1],连接 AK,KB,DL,LE。

由于 ABC 与 DEF 是相等的圆,它们的半径也相等[定义Ⅲ.1]。故两边 AK,KB 分别等于两边 DL,LE,且

底边 AB 等于底边 DE。因此,角 AKB 等于角 DLE[命题 I.8]。相等的中心角立在相等的圆弧上[命题 III.26],于是,圆弧 AGB 等于圆弧 DHE。且整圆 ABC 也等于整圆 DEF。因此剩下的圆弧 ACB 也等于剩下的圆弧 DFE。

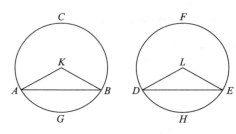

(注:为方便读者阅读,译者将99页图复制到此处。)

这样,在相等的圆中,相等的弦截出相等的圆弧,优弧等于优弧,劣弧等于劣弧。这就是需要证明的。

命题 30

等分给定圆弧。

设 ADB 为给定圆弧。故要求的是等分圆弧 ADB。

连接 AB 并等分于点 C[命题 I.10],由点 C 作 CD 与 AB 成直角[命题 I.11]。连接 AD 与 DB。

由于 AC 等于 CB，且 CD 是公共边，两边 AC,CD 分别等于两边 BC,CD，角 ACD 等于角 BCD，因为它们都是直角。于是，底边 AD 等于底边 DB［命题 I.4］。且相等的弦截出相等的圆弧，优弧等于优弧，劣弧等于劣弧［命题Ⅲ.28］。圆弧 AD 与 DB 都小于半圆，因此圆弧 AD 等于圆弧 DB。

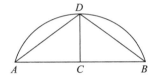

这样，给定圆弧被等分于 D。这就是需要做的。

命题 31

在一个圆中，半圆中的角是直角，大于半圆的弓形中的角①小于直角，小于半圆的弓形中的角大于直角。

---

① "弓形（中的）角"指的是"弓形中的内接角"，见定义Ⅲ.8.——译者注

此外,大于半圆的弓形的角①大于直角,小于半圆的弓形的角小于直角。

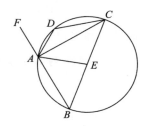

设 $ABCD$ 是一个圆,BC 是它的直径,点 E 是圆心。连接 BA,AC,AD,DC。我说半圆 BAC 中的角 BAC 是直角,大于半圆的弓形 ABC 中的角 ABC 小于直角,而小于半圆的弓形 ADC 中的角 ADC 大于直角。

连接 AE,并作 BA 通过 F。

由于 BE 等于 EA,角 ABE 也等于 BAE[命题 I.5]。再者,由于 CE 等于 EA,ACE 也等于 CAE[命题 I.5]。于是,整个角 BAC 等于两个角 ABC,ACB 之

---

　　①　"弓形的角"指的是"弓形的圆弧与弦的夹角",见定义 III.8. 根据下面的弦切角定理(命题 III.32),弓形的角等于其补弧所在弓形的弓形角。"弓形的角"这个概念用得很少,切勿与"弓形(中的)角"混淆。——译者注

和。且 *FAC* 为三角形 *ABC* 的外角,因此它也等于两个角 *ABC*,*ACB* 之和[命题 I.32]。于是,角 *BAC* 也等于 *FAC*,因此,它们都是直角[定义 I.10]。所以,半圆 *BAC* 中的角 *BAC* 是直角。

由于三角形 *ABC* 中的两个角 *ABC*,*BAC* 之和小于两个直角[命题 I.17],*BAC* 是直角,角 *ABC* 因此小于直角,它是在大于半圆的弓形 *ABC* 中的角。

又由于 *ABCD* 是圆的内接四边形,而在圆内接四边形中,对角之和等于两个直角[命题 III.22][角 *ABC* 与角 *ADC* 之和因此等于两个直角],且角 *ABC* 小于直角,剩下的角 *ADC* 因此大于直角,它是在小于半圆的弓形 *ADC* 中的角。

我也说,较大弓形的角,即由圆弧 *ABC* 与弦 *AC* 所夹的角,大于直角。较小弓形的角,即圆弧 *ADC* 与弦 *AC* 所夹的角,小于直角。而这是立即显然可见的,其理由如下。由于两条弦 *BA* 与 *AC* 所夹的是直角,故圆弧 *ABC* 与弦 *AC* 所夹的角大于直角。再者,由于弦 *AC* 与 *AF* 所夹的角是直角,故圆弧 *ADC* 与弦 *CA* 所夹的角小于直角。

这样,在一个圆中,半圆中的角是直角,大于半圆的弓形中的角小于直角,小于半圆的弓形中的角大于直角。此外,大于半圆的弓形的角大于直角,小于半圆的弓形的角小于直角。这就是需要证明的。

命题 35

若圆中有两条弦相截,则一条弦被分成的两段所夹矩形等于另一条弦被分成的两段所夹矩形。

设圆 $ABCD$ 中的两条弦 AC 与 BD 相互切割于点 E。我说 AE, EC 所夹矩形等于 DE, EB 所夹矩形。

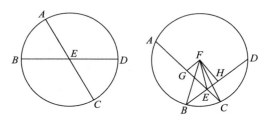

事实上,若 AC 与 BD 都通过圆心(如上图左),则 E 是圆 $ABCD$ 的圆心,显然 AE, EC, DE, EB 相等,AE, EC 所夹矩形等于 DE, EB 所夹矩形。

再设 AC 与 DB 不通过圆心（如上图右）。设圆 $ABCD$ 的圆心已被找到为 F，由 F 作 FG 与 FH 分别垂直于弦 AC 与 BD[命题 I.12]。连接 FB，FC，FE。

由于通过圆心的一条直线 GF 与不通过圆心的一条弦 AC 交成直角，AC 被等分[命题 III.3]，故 AG 等于 GC。因此，由于弦 AC 被等分于 G，但不是等分于 E，AE，EC 所夹矩形与 EG 上的正方形之和因此等于 GC 上的正方形[命题 II.5]。对二者都加上 GF 上的正方形。于是，AE，EC 所夹矩形及 GE，GF 上的正方形之和，等于 CG，GF 上的正方形之和。但是，FE 上的正方形等于 EG，GF 上的正方形之和[命题 I.47]，而 FC 上的正方形等于 CG，GF 上的正方形之和[命题 I.47]。因此，AE，EC 所夹矩形加上 FE 上的正方形等于 FC 上的正方形。且 FC 等于 FB。于是，AE，EC 所夹矩形加上 FE 上的正方形，等于 FB 上的正方形。同理也有，DE，EB 所夹矩形加上 FE 上的正方形等于 FB 上的正方形。但 AE，EC 所夹矩形加上 FE 上的正方形，已被证明等于 DE，EB 所夹矩形加上 FB 上的正方形。因此，AE，EC 所夹矩形加上 FE 上的正方形，也等于 DE，

EB 所夹矩形加上 FE 上的正方形。从二者各减去 FE 上的正方形，于是，剩下的 AE，EC 所夹矩形等于 DE，EB 所夹矩形。

这样，若圆中有两条弦相截，则一条弦被分成的两段所夹矩形等于另一条弦被分成的两段所夹矩形。这就是需要证明的。

第四卷　圆的内接与外切三角形及正多边形

内容提要

如表 4.1 所示,本卷系统地处理了直线图形与已知圆的相互内接、外切、内切与外接问题,并已对一般三角形、正方形、正五边形、正六边形和正十五边形获解。这里正十五边形的弧借助等边三角形和正五边形的弧得到如下:

$$\frac{2}{5} - \frac{1}{3} = \frac{1}{15}。$$

类似地,还有许多正多边形只用圆规和直尺便可以作出,只要它们的弧可以用这些正多边形的弧通过简单的加减表示。

表 4.1 第四卷解决的问题和命题汇总

系统地处理的问题	(1)	内接一个直线图形于已知圆
	(2)	外切一个直线图形于已知圆
	(3)	内切一个圆于已知直线图形
	(4)	外接一个圆于已知直线图形
已解决的问题	Ⅳ.1	在圆中嵌入给定线段
	(a)Ⅳ.2—5	一般三角形
	(b)Ⅳ.6—9	正方形
	(c)Ⅳ.10—14	正五边形
	(d)Ⅳ.15	正六边形
	(e)Ⅳ.16	正十五边形

定义

1. 一个直线图形称为内接于另一个直线图形,若**内接图形**对应各角的顶点接触被内接图形的对应各边。

2. 类似地,一个直线图形称为被另一个直线图形外接,若**外接图形**对应各边接触被外接图形的对应各角的顶点。

3. 直线图形被称为内接于圆,若**内接图形**的每一个角都接触圆周。

4. 直线图形被称为外切于圆,若**外切图形**的每一条边都与圆周相切。

5. 类似地,圆被称为内切于直线图形,若**圆周与它内切的图形**的每一条边相切。

6. 圆被称为外接于直线图形,若**圆周**接触被它外接图形的每一个角。

7. 线段被称为**嵌入圆中**,若该线段的两个端点在圆周上。①

---

① "嵌入圆中的线段"在现代汉语中称为"圆的弦"。——译者注

命题 5

对给定三角形作外接圆。

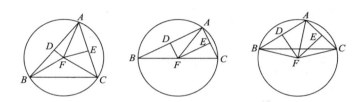

设 ABC 是给定的三角形,故要求的是对三角形 ABC 作外接圆。

分别在点 D,E 等分线段 AB,AC[命题 I.10]。由点 D,E 分别作 DF,EF 与 AB,AC 成直角[命题 I.11]。故 DF 与 EF 肯定或者在三角形 ABC 内部相交,或者在边 BC 上相交,或者在 BC 以外相交。

首先设它们相交于三角形 ABC 内的点 F,连接 FB,FC,FA。由于 AD 等于 DB,DF 是公共边且是直角边,底边 AF 因此等于底边 FB[命题 I.4]。类似地,我们可以证明 CF 也等于 AF,故 FB 也等于 FC。因此,三条线段 FA,FB,FC 彼此相等。于是,以 F 为中心,到点 A,B,C 之一的线段为半径的圆,也通过其余各点。故该圆外接于三角形 ABC 如左图所示。

然后,设 DF,EF 皆与直线 BC 交于点 F 如中图所示,连接 AF。类似地,我们可以证明,点 F 是三角形 ABC 的外接圆的圆心。

最后,设 DF,EF 相交于三角形 ABC 外点 F 如右图所示。连接 AF,BF,CF。再者,由于 AD 等于 DB,且 DF 是公共边兼直角边,底边 AF 因此等于底边 BF [命题 I.4]。类似地,我们可以证明 CF 也等于 AF。故 BF 也等于 FC。于是,再作以点 F 为圆心,以 FA,FB,FC 之一为半径的圆,它也通过剩余诸点。因而该圆外接于三角形 ABC。

这样,对给定三角形作出了外接圆。这就是需要证明的。

命题 6

在给定圆中作内接正方形。

设 $ABCD$ 是给定圆。故要求的是在圆 $ABCD$ 中作内接正方形。

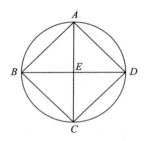

作圆 *ABCD* 的两条直径 *AC* 与 *BD* 互成直角。连接 *AB*，*BC*，*CD*，*DA*。

由于 *E* 是圆心，*BE* 等于 *ED*，且 *EA* 是公共边兼直角边，底边 *AB* 因此等于底边 *AD*〔命题Ⅰ.4〕。同理，*BC* 等于 *AB*，*CD* 等于 *AD*。因此，四边形 *ABCD* 是等边的。我说它也是直角的。因为线段 *BD* 是圆 *ABCD* 的直径，*BAD* 因此是半圆。于是，角 *BAD* 是直角〔命题Ⅲ.31〕。同理，角 *ABC*，*BCD*，*CDA* 每个也都是直角。于是，四边形 *ABCD* 是直角的。且它也已被证明是等边的。因此，它是一个正方形〔定义Ⅰ.22〕，并且它已内接于圆 *ABCD* 中。

这样，对给定圆作出了内接正方形 *ABCD*。这就是需要证明的。

命题 11

在给定圆中作内接等边等角五边形。

设 $ABCDE$ 是给定的圆。故要求的是在圆 $ABCDE$ 中作一个等边等角内接五边形。

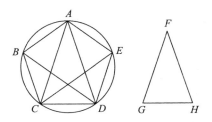

设等腰三角形 FGH 在 G 与 H 的角都等于在 F 的角的两倍[命题Ⅳ.10]。并设与 FGH 等角的三角形 ACD 内接于圆 $ABCDE$ 中,使得 CAD 等于在 F 的角,以及在 G 与 H 的角分别等于 ACD 与 CDA。所以 ACD 与 CDA 每个都是 CAD 的两倍。把 ACD 与 CDA 分别用直线 CE 与 DB 等分[命题Ⅰ.9],连接 AB,BC, DE,EA。

因此,由于 ACD 与 CDA 每个都是 CAD 的两倍,并被直线 CE 与 DB 等分,五个角 DAC,ACE,ECD,

CDB，BDA 彼此相等。而等角立在等圆弧上［命题
Ⅲ.26］。因此，五段圆弧 AB，BC，CD，DE，EA 彼此相
等［命题Ⅲ.29］。于是，五边形 $ABCDE$ 是等边的。我
说它也是等角的。其理由如下。由于圆弧 AB 等于圆
弧 DE，设对二者各加上圆弧 BCD。于是，整段圆弧
$ABCD$ 等于整段圆弧 $EDCB$。而角 AED 立在圆弧
$ABCD$ 上，角 BAE 立在圆弧 $EDCB$ 上。因此，角 AED
也等于角 BAE［命题Ⅲ.27］。同理，角 ABC，BCD，
CDE 每个也等于 BAE，AED 每个。因此，五边形
$ABCDE$ 是等角的。而它已经被证明是等边的。

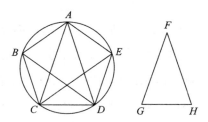

（注：为方便读者阅读，译者将113页图复制到此处。）

这样，在给定圆中作出了内接等边等角五边形。这
就是需要做的。

第五卷　成比例量的一般理论

内容提要

本卷是全书中最抽象的一卷,其命题适用于各种不同的量,例如线、面、体,甚至也许还有时间和角度。本卷独立于以前各卷,但它打开了一扇新的大门,特别是导致了第六卷的相似性几何。

首先要明确比(ratio)和比例(proportion)的定义。在原书中,二者有混用的情形,本书的大多数汉译本中也有类似的问题。"比"是两个量之间的关系(定义Ⅴ.3):

$$\alpha : \beta \quad \text{的定义为} \quad \frac{\alpha}{\beta},$$

而"比例"是两个比之间的关系(定义Ⅴ.8):

$$\alpha : \beta = \gamma : \delta \iff \alpha\delta = \beta\gamma。$$

本卷有 18 个定义,我们把它们尽可能用代数式表示如表 5.1.其中定义Ⅴ.5是本卷的核心。定义Ⅴ.8所述的连比例,在第八和第九卷中有详细的讨论。定义Ⅴ.13——

16 所述的反比、合比、分比、换比,在命题中会证明有相应的比例成立,再加上定义 V.12, V.17, V.18,构成了成比例量理论的完美大家庭。

表 5.1　第五卷中的定义汇总

V.1	若 $\beta=m\alpha$,α 被称为 β 的一部分
V.2	若 $\beta=m\alpha$,β 被称为 α 的倍量
V.3	两个量(α 与 β)之比记为 $\alpha:\beta$
V.4	$m\alpha>\beta$ 及 $n\beta>\alpha\Rightarrow\alpha$ 对 β 有一个比
V.5	$m\alpha\gtreqless n\beta$ 及 $m\gamma\gtreqless n\delta\Rightarrow\alpha:\beta=\gamma:\delta$
V.6	α 比 β 与 γ 比 δ 相同 $\Rightarrow\alpha:\beta=\gamma:\delta$
V.7	相等倍量的大小与两两之比的大小间关系
V.8	α,β,γ 成比例 $\Rightarrow\alpha:\beta=\beta:\gamma$
V.9	$\alpha:\beta=\beta:\gamma\Rightarrow\alpha:\gamma=\alpha^2:\beta^2$
V.10	$\alpha:\beta=\beta:\gamma=\gamma:\delta\Rightarrow\alpha:\delta=\alpha^3:\beta^3$
V.11	对应量:两个比的前项与前项及后项与后项
V.12	更比例:$\alpha:\beta=\gamma:\delta\Rightarrow\alpha:\gamma=\beta:\delta$
V.13	$\alpha:\beta$ 的反比是 $\beta:\alpha$
V.14	$\alpha:\beta$ 的合比是 $\alpha+\beta:\alpha$
V.15	$\alpha:\beta$ 的分比是 $\alpha-\beta:\alpha$
V.16	$\alpha:\beta$ 的换比是 $\alpha:\alpha-\beta$
V.17	依次比例与首末比例
V.18	摄动比例:$\alpha:\beta=\delta:\epsilon$ 及 $\beta:\gamma=\zeta:\delta$

　　第五卷的命题汇总于表 5.2.其中命题 V.1—6 涉及量的倍量,命题 V.7 推论,V.16—18 和 V.19 推论证明了定义中提到的反比例、更比例、分比例、合比例和换比例。

表 5.2　第五卷中的命题汇总

V.1	$m\alpha + m\beta + \cdots = m(\alpha + \beta + \cdots)$
V.2	$m\alpha + n\alpha = (m+n)\alpha$
V.3	$m(n\alpha) = (mn)\alpha$
V.4	$\alpha:\beta = \gamma:\delta \Rightarrow m\alpha:n\beta = m\gamma:n\delta$
V.5	$m\alpha - m\beta = m(\alpha - \beta)$
V.6	$m\alpha - n\alpha = (m-n)\alpha$
V.7	$\alpha = \beta \Rightarrow \alpha:\gamma = \beta:\gamma$ 及 $\gamma:\alpha = \gamma:\beta$
推论	反比例:$\alpha:\beta = \gamma:\delta, \Rightarrow \beta:\alpha = \delta:\gamma$
V.8	$\alpha > \beta \Rightarrow \alpha:\gamma > \beta:\gamma$ 及 $\gamma:\alpha < \gamma:\beta$
V.9	$\alpha:\gamma = \beta:\gamma$ 或 $\gamma:\alpha = \gamma:\beta \Rightarrow \alpha = \beta$
V.10	$\alpha:\gamma > \beta:\gamma$ 或 $\gamma:\beta > \gamma:\alpha \Rightarrow \alpha > \beta$
V.11	$\alpha:\beta = \gamma:\delta$ 及 $\gamma:\delta = \epsilon:\zeta \Rightarrow \alpha:\beta = \epsilon:\zeta$
V.12	$\alpha:\alpha' = \beta:\beta' = \gamma:\gamma', \cdots \Rightarrow \alpha:\alpha' = (\alpha + \beta + \gamma + \cdots):(\alpha' + \beta' + \gamma' + \cdots)$
V.13	$\alpha:\beta = \gamma:\delta$ 及 $\gamma:\delta > \epsilon:\zeta \Rightarrow \alpha:\beta > \epsilon:\zeta$
V.14	$\alpha:\beta = \gamma:\delta$ 及 $\beta \gtreqless \delta \Rightarrow \alpha \gtreqless \gamma$
V.15	$\alpha:\beta = m\alpha:m\beta$

推论	换比例：$\alpha:\beta=\gamma:\delta\Rightarrow\alpha:\alpha-\beta=\gamma:\gamma-\delta$
V.16	更比例：$\alpha:\beta=\gamma:\delta\Rightarrow\alpha:\gamma=\beta:\delta$
V.17	分比例：$\alpha+\beta:\beta=\gamma+\delta:\delta\Rightarrow\alpha:\beta=\gamma:\delta$
V.18	合比例：$\alpha:\beta=\gamma:\delta\Rightarrow\alpha+\beta:\beta=\gamma+\delta:\delta$
V.19	$\alpha:\beta=\gamma:\delta\Rightarrow\alpha:\beta=\alpha-\gamma:\beta-\delta$
V.20	$\alpha:\beta=\delta:\epsilon$ 及 $\beta:\gamma=\epsilon:\zeta,\delta\gtreqless\zeta\Rightarrow\alpha\gtreqless\gamma$
V.21	$\alpha:\beta=\epsilon:\zeta$ 及 $\beta:\gamma=\delta:\epsilon,\alpha\gtreqless\gamma\Rightarrow\delta\gtreqless\zeta$
V.22	$\alpha:\beta=\epsilon:\zeta$ 及 $\beta:\gamma=\zeta:\eta$ 及 $\gamma:\delta=\eta:\theta\Rightarrow\alpha:\delta=\epsilon:\theta$
V.23	$\alpha:\beta=\epsilon:\zeta$ 及 $\beta:\gamma=\delta:\epsilon\Rightarrow\alpha:\gamma=\delta:\zeta$
V.24	$\alpha:\beta=\gamma:\delta$ 及 $\epsilon:\beta=\zeta:\delta\Rightarrow\alpha+\epsilon:\beta=\gamma+\zeta:\delta$
V.25	$\alpha:\beta=\gamma:\delta$ 及 α 最大 及 δ 最小$\Rightarrow\alpha+\delta>\beta+\gamma$

定义

1.若较小量可以量尽较大量,称前者是后者的一**部分**。

2.若较大的量可以被较小的量量尽,称前者是后者的**倍量**。

3.两个同类量的大小之间的一种关系称为**比**。

4.倍量可以相互超过的那些量被称为相互之间有一个比。

5.若第一量与第三量的同倍量分别或者都超过,或者都等于,或者都小于第二量与第四量的同倍量(这里按照对应次序做无论哪种乘法),称第一量比第二量等于第三量比第四量。

6.有相同比的诸量称为成**比例**[①]的。

7.若取相等的倍量(如在定义 5 中的)后,第一量超过第二量,而第三量不超过第四量,则称第一量与第二量之比大于第三量与第四量之比。

[①] 比例的英语单词是 proportion,而比的英语单词是 ratio。二者不同,请勿混淆。——译者注

8.一个**比例**中至少有三个量。

9.若三个量成比例,则第一量与第三量之比是第一量与第二量之比的平方。

10.若四个量成连比例,则第一量与第四量之比是第一量与第二量之比的立方。无论多少个量的连比例都以此类推。

11.以下成对的量被称为对应量:两个比的前项与前项,及其后项与后项。

12.**更比例**指两个相等比的前项比前项等于它们的后项比后项。

13.取后项为前项及前项为后项的比称为**反比**。

14.前项加上后项与后项本身之比称为**合比**。

15.前项超过后项的部分与后项本身之比称为**分比**。

16.前项与它超过后项部分之比称为**换比**。

17.对一组量及与之个数相等且两两之比相同的另一组量有依次比例成立,第一组的首项与末项之比如同第二组的首项与末项之比。或者说,去掉内部量之后的外端量之比相等。这种情况也可以称为首末比例。

18.若有三个量及与之个数相等的其他量,若第一

组的前项比后项,等于第二组的前项比后项,且第一组
的后项比第三量(即剩下的量),等于第二组的第三量比
前项,则出现摄动比例。

命题 5

若一个量是另一个量的倍量,其减去部分是另一个
量减去部分的同倍量,则该量的剩余部分也是另一个量
的剩余部分的同倍量。

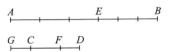

设量 AB 是量 CD 的倍量,AB 的部分 AE 是 CD
的部分 CF 的同倍量。我说剩余部分 EB 也是剩余部分
FD 的相等倍量。

其理由如下。AE 被 CF 分成多少份,EB 也被 CG
分成多少份。

且由于 AE 与 EB 分别是 CF 与 GC 的同倍量,AE
与 AB 因此是 CF 与 GF 的同倍量[定义 V.1]。但 AE
与 AB 已假设分别是 CF 与 CD 的同倍量,因此,AB 是

GF 与 CD 每个的同倍量。所以，GF 等于 CD。设由二者各减去 CF，于是，剩下的 GC 等于剩下的 FD。且因为 AE 与 EB 分别是 CF 与 GC 的同倍量，而 GC 等于 DF，AE 与 EB 因此分别是 FD 与 CD 的同倍量。因此，剩下的 EB 也是剩下的 FD 的同倍量，如同整个 AB 是整个 CD 的同倍量。

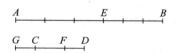

（注：为方便读者阅读，译者将 121 页图复制到此处。）

这样，若一个量是另一个量的倍量，其减去部分是另一个量减去部分的同倍量，则该量的剩余部分也是另一个量的剩余部分的同倍量。这就是需要证明的。

命题 11

与同一个比相同的各个比彼此也相同。

设 A 比 B 如同 C 比 D，C 比 D 如同 E 比 F。我说 A 比 B 如同 E 比 F。

其理由如下。设 G，H，K 分别是 A，C，E 的同倍

量,以及 L,M,N 分别是 B,D,F 的其他任意同倍量。

　　由于 A 比 B 如同 C 比 D , G 与 H 分别是 A 与 C 的同倍量, L 与 M 分别是 B 与 D 的其他任意同倍量,因此,若 G 超过 L 则 H 也超过 M ,若 G 等于 L ,则 H 也等于 M ,若 G 小于 L ,则 H 也小于 M[定义Ⅴ.5]。再者,由于 C 比 D 如同 E 比 F , H 与 K 分别是 C 与 E 的同倍量, M 与 N 分别是 D 与 F 的其他任意同倍量,因此,若 H 超过 M ,则 K 也超过 N ,若 H 等于 M ,则 K 也等于 N ,若 H 小于 M ,则 K 也小于 N[定义Ⅴ.5]。但我们看到,若 H 超过 M ,则 G 也超过 L ,若 H 等于 M ,则 G 也等于 L ,若 H 小于 M ,则 G 也小于 L。因而,若 G 超过 L ,则 K 也超过 N ,若 G 等于 L ,则 K 也等于 N ,若 G 小于 L ,则 K 也小于 N。且 G 与 K 分别是 A 与 E 的同倍量, L 与 N 分别是 B 与 F 的其他任意同倍量,因此, A 比 B 如同 E 比 F[定义Ⅴ.5]。

这样,与同一个比相同的各个比彼此也相同。这就是需要证明的。

命题 14

若第一量比第二量如同第三量比第四量,而第一量大于第三量,则第二量也大于第四量。若第一量等于第三量,则第二量也等于第四量。若第一量小于第三量,则第二量也小于第四量。

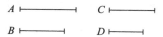

设第一量 A 比第二量 B 如同第三量 C 比第四量 D,又设 A 大于 C,我说 B 也大于 D。

其理由如下。由于 A 大于 C,而 B 是另一个任意量,因此 A 比 B 大于 C 比 B[命题 V. 8]。且 A 比 B 如同 C 比 D,C 比 D 也大于 C 比 B。而同一个量比几个量,有较大比者较小[命题 V. 10]。因此 D 小于 B。所以 B 大于 D。

类似地,我们可以证明,若 A 等于 C,则 B 也等于

D,若 A 小于 C,则 B 也小于 D。

这样,若第一量比第二量等于第三量比第四量,而第一量大于第三量,则第二量也大于第四量。若第一量等于第三量,则第二量也等于第四量。若第一量小于第三量,则第二量也小于第四量 。这就是需要证明的。

命题 15

部分与部分之比如同其依序相似倍量之比。

设 AB 与 DE 分别是 C 与 F 的同倍量。我说 C 比 F 如同 AB 比 DE。

其理由如下。由于 AB 与 DE 分别是 C 与 F 的同倍量,因此在 AB 中有多少份 C,在 DE 中也有多少份 F。设 AB 被分为等于 C 的量 AG,GH,HB,而 DE 被分为等于 F 的量 DK,KL,LE。则量 AG,GH,HB 的个数等于量 DK,KL,LE 的个数。又因为 AG,GH,

HB 彼此相等，DK，KL，LE 也彼此相等，因此 AG 比 DK 如同 GH 比 KL，也如同 HB 比 LE [命题 V.7]。且因此(对成比例的量)，前项比后项如同所有前项之和比所有后项之和 [命题 V.12]。但 AG 比 C 如同 DK 比 F，因此，C 比 F 如同 AB 比 DE。

(注：为方便读者阅读，译者将 125 页图复制到此处。)

这样，部分与部分之比与其依序相似倍量之比相同。这就是需要证明的。

命题 16

若四个量成比例，则它们的更比例也成立。

设 A，B，C 与 D 是四个互成比例的量，即 A 比 B 如同 C 比 D。我说它们的更比例也成立，即 A 比 C 如同 B 比 D。

其理由如下。分别取 A 与 B 的同倍量 E 与 F，分别取 C 与 D 的其他任意同倍量 G 与 H。

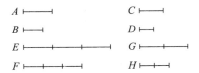

由于 E 与 F 分别是 A 与 B 的同倍量,且部分之比与其相似倍量之比相同[命题 V.15],于是,A 比 B 如同 E 比 F。但 A 比 B 如同 C 比 D,故 C 比 D 如同 E 比 F [命题 V.11]。再者,由于 G 与 H 分别是 C 与 D 的同倍量,因此,C 比 D 如同 G 比 H[命题 V.15]。但 C 比 D 如同 E 比 F,因此,E 比 F 如同 G 比 H [命题 V.11]。且当四个量成比例时,若第一量大于第三量,则第二量也大于第四量,若第一量等于第三量,则第二量也等于第四量,若第一量小于第三量,则第二量也小于第四量[命题 V.14]。因此,若 E 超过 G,则 F 也超过 H,若 E 等于 G,则 F 也等于 H,若 E 小于 G,则 F 也小于 H。E 与 F 分别是 A 与 B 的同倍量,G 与 H 分别是 C 与 D 的其他任意同倍量,所以,A 比 C 如同 B 比 D[定义 V.5]。

这样,若四个量成比例,则它们的更比例也成立。这就是需要证明的。

命题 17

成比例组合量分开后也成比例。

设 AB, BE, CD 与 DF 是成比例的组合量,即 AB 比 BE 如同 CD 比 DF。我说它们分开后也成比例,即 AE 比 EB 如同 CF 比 DF。

其理由如下。设分别取 AE, EB, CF 与 FD 的同倍量 GH, HK, LM 与 MN,分别取 EB 与 FD 的其他任意同倍量 KO 与 NP。

由于 GH 与 HK 分别是 AE 与 EB 的同倍量,GH 与 GK 因此分别是 AE 与 AB 的同倍量[命题 V. 1]。但 GH 与 LM 分别是 AE 与 CF 的同倍量,故 GK 与 LM 分别是 AB 与 CF 的同倍量。再者,由于 LM 与 MN 分别是 CF 与 FD 的同倍量,故 LM 与 LN 分别是 CF 与 CD 的同倍量[命题 V. 1]。但 LM 与 GK 分别是 CF 与 AB 的

同倍量。因此，GK 与 LN 分别是 AB 与 CD 的同倍量，所以，GK，LN 分别是 AB，CD 的同倍量。再者，因为 HK 与 MN 分别是 EB 与 FD 的同倍量，且 KO 与 NP 也是 EB 与 FD 的同倍量，然后加在一起，HO 与 MP 也分别是 EB 与 FD 的同倍量［命题 V.2］。又因为 AB 比 BE 如同 CD 比 DF，且已经分别取 AB，CD 的同倍量 GK，LN，以及 EB，FD 的同倍量 HO，MP，因此，若 GK 超过 HO，则 LN 也超过 MP，若 GK 等于 HO，则 LN 也等于 MP，若 GK 小于 HO，则 LN 也小于 MP［定义 V.5］。设 GK 超过 HO，于是，从二者各减去 HK，则 GH 超过 KO。但是我们看到，若 GK 超过 HO，则 LN 也超过 MP。因此，LN 也超过 MP。从二者各减去 MN，则 LM 也超过 NP。类似地，我们可以证明，即使若 GH 等于 KO，LM 也等于 NP，即使若 GH 小于 KO，LM 也小于 NP。且 GH，LM 分别是 AE，CF 的同倍量，KO，NP 分别是 EB，FD 的其他任意同倍量。因此，AE 比 EB 如同 CF 比 FD［定义 V.5］。

这样，成比例组合量分开后也成比例。这就是需要证明的。

命题 18

若分开的诸量成比例,则它们组合后也成比例。

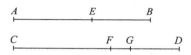

设 AE,EB,CF,FD 是分开的量,它们是成比例的,即 AE 比 EB 如同 CF 比 FD。我说它们组合后也成比例,即 AB 比 BE 如同 CD 比 FD。

其理由如下。如若不然,即 AB 比 BE 不同于 CD 比 FD ,则 AB 与 BE 肯定或者如同 CD 比某个小于 DF 的量,或者如同 CD 比某个大于 DF 的量。

首先考虑某个小于 DF 的量 DG。因为组合量是成比例的,故 AB 比 BE 如同 CD 比 DG,因此它们当分开时也是成比例的[命题 V.17]。于是,AE 比 EB 如同 CG 比 GD。但也已假设了 AE 比 EB 如同 CF 比 FD,故也有 CG 比 GD 如同 CF 比 FD[命题 V.11]。且第一量 CG 大于第三量 CF,故第二量 GD 也大于第四量 FD [命题 V.14]。但也已得到这个关系是小于,而这是不可能的。因此，AB 比 BE 不同于 CD 比一个小于 FD 的量。类似地，我们也可以证明它也不等于 CD 比一个大于 FD 的量。因此，这只对 FD 这个量成立。

　　这样，若分开的诸量成比例，则它们组合后也成比例。这就是需要证明的。

第六卷　相似图形的平面几何学

内容提要

第六卷共有三个定义。分别定义了相似直线图形、黄金分割和任意图形的高。本卷命题汇总见表 6.1.

表 6.1　第六卷中的命题汇总

Ⅵ.1	基本定理:等高的三角形(或平行四边形)之比等于它们的底边之比
Ⅵ.2—8	A:相似三角形
Ⅵ.9—13	B:按比例分割线段
Ⅵ.14—17	C:比例和面积(交叉乘积)
Ⅵ.18—22	D:相似直线图形
Ⅵ.23	复比:等角的平行四边形彼此之比是它们的边之比的复比
Ⅵ.24—30	E:对面积的应用(几何代数)
Ⅵ.31—33	其他

在部分 E:对面积的应用(几何代数)中用到了适配(apply)方法,需要说明一下,"apply"是古希腊数学文献中

经常出现的一个术语。它的普通意义是"贴合",如"贴合三角形 ABC 于三角形 DEF"。另一种意义是把面积与长度联系起来,我们译为"适配",即"适当地配合"之意。把面积 A 与长度为 a 的线段适配,就是求 x ,使得 $A = ax$;面积与线段适配并超出一个正方形,就是求 x,使得 $A = (a-x)x$;适配而亏缺一个正方形,就是求 x ,使得 $A = (a+x)x$。见图 6.1。这种方法相当于把代数问题化为几何问题求解。注意古希腊没有代数学,因此不得不采用这种现在看起来有点烦琐的所谓几何代数方法。

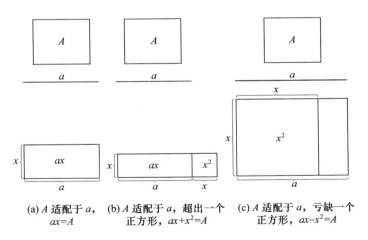

(a) A 适配于 a, $ax=A$　　(b) A 适配于 a, 超出一个正方形, $ax+x^2=A$　　(c) A 适配于 a, 亏缺一个正方形, $ax-x^2=A$

图 6.1　适配

值得一提的还有命题 Ⅵ.31，它指出直角三角形斜边上的图形等于二直角边上相似及位置相似的图形之和，可以称为推广的勾股定理。

定义

1. 相似直线图形诸角分别相等且夹等角的对应边成比例。

2. 线段称为被**黄金分割**[①]，若整条线段与较大线段之比如同较大线段与较小线段之比。

3. 任意图形的**高**是顶点至底边的垂线。

命题 1

等高的三角形（或平行四边形）之比如同它们的底边之比。

设 ABC 与 ACD 为两个三角形，EC 与 CF 是两个平行四边形，它们有相同的高 AC。我说底边 BC 比底边 CD 如同三角形 ABC 比三角形 ACD，以及如同平行四边形 EC 比平行四边形 CF。

其理由如下。设朝两个方向延长线段 BD 分别至

---

①　在英语中写作 extreme and mean ratio 或 golden ratio。汉译为"外中比"或"黄金分割"，本书统一采用"黄金分割"。——译者注

点 H 与 L，取线段 BG，GH 与底边 BC 相等，取线段
DK，KL 与 CD 相等。连接 AG，AH，AK 与 AL。

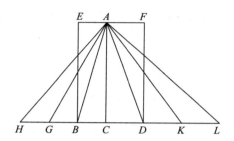

　　且因为 CB，BG 与 GH 彼此相等，三角形 AGH，
AGB 与 ABC 也彼此相等［命题 I.38］。于是，底边 HC
被底边 BC 分为多少份，三角形 AHC 也被三角形 ABC
分为多少份。同理，底边 LC 被底边 CD 分为多少份，三
角形 ALC 也被三角形 ACD 分为多少份。若底边 HC
等于底边 CL，则三角形 AHC 也等于三角形 ACL［命题
I.38］。若底边 HC 超过底边 CL，则三角形 AHC 也超
过三角形 ACL。若底边 HC 小于底边 CL，则三角形
AHC 也小于三角形 ACL。于是，这里涉及四个量，两
条底边 BC 与 CD 及两个三角形 ABC 与 ACD。取底
边 BC 与三角形 ABC 的同倍量，即底边 HC 与三角形

AHC，又取底边 CD 与三角形 ADC 的另一个其他任意同倍量，即底边 LC 与三角形 ALC。并且已证明，若底边 HC 超过底边 CL，则三角形 AHC 也超过三角形 ALC，若 HC 等于 CL，则 AHC 也等于 ALC，若 HC 小于 CL，则 AHC 也小于 ALC。因此，底边 BC 比底边 CD 如同三角形 ABC 比三角形 ACD [定义 V.5]。且因为平行四边形 EC 是三角形 ABC 的两倍，平行四边形 FC 是三角形 ACD 的两倍[命题 I.34]，而部分与部分之比及其依序相似倍量之比相同[命题 V.15]，于是，三角形 ABC 比三角形 ACD 如同平行四边形 CE 比平行四边形 FC。事实上，由于已经证明，底边 BC 比 CD 如同三角形 ABC 比三角形 ACD，三角形 ACB 比三角形 ACD 如同平行四边形 EC 比平行四边形 CF，因此也有，底边 BC 比底边 CD 如同平行四边形 EC 比平行四边形 FC [命题 V.11]。

这样，等高三角形（或平行四边形）之比如同它们的底边之比。这就是需要证明的。

命题 13

求两条给定线段的比例中项。①

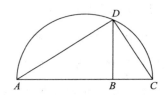

设 *AB* 与 *BC* 是两条给定线段。故要求的是找到 *AB* 与 *BC* 的比例中项。

设 *AB* 与 *BC* 接续于同一条直线上，在 *AC* 上作一个半圆 *ADC*［命题 I.10］。设由点 *B* 作 *BD* 与 *AC* 成直角［命题 I.11］。连接 *AD*，*DC*。

由于 *ADC* 是半圆中的角，故它是直角［命题 III.31］。又由于在直角三角形 *ADC* 中，由直角角顶作线段 *DB* 垂直于底边，*DB* 因此是底边上两条线段 *AB* 与 *BC* 的比例中项［命题 VI.8 推论］。

这样就找到了两条给定线段 *AB* 与 *BC* 的比例中项

---

① 换句话说，求给定两条线段的几何平均。

BD。这就是需要做的。

命题 28[①]

对给定线段适配一个等于给定直线图形的平行四边形，但亏缺一个与给定平行四边形相似的平行四边形。这个给定直线图形必须不大于在给定线段之半上所作与亏缺的图形相似的平行四边形。

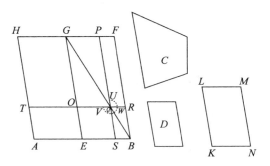

---

① 本命题是二次方程 $x^2 - \alpha x + \beta = 0$ 的几何解。这里 x 是亏缺图形的一条边与图形 D 的对应边之比，α 是 AB 的长度与图形 D 的一条边之比，这条边对应于亏缺图形沿着 AB 的边，而 β 是图形 C 与 D 的面积之比。对应于条件 $\beta < \alpha^2 - 4$ 的约束条件使方程有实数根。这里只找出了方程的较小根。其较大根可以用类似方法找到。——译者注

　　设 AB 是给定线段，C 是给定直线图形，被适配于 AB 的平行四边形需与之相等，C 不大于作在 AB 之半上，并与亏缺的图形相似的平行四边形，而 D 是亏缺的图形需与之相似的平行四边形。故要求的是适配一个平行四边形于线段 AB，它等于给定的直线图形 C 并亏缺一个与 D 相似的平行四边形。

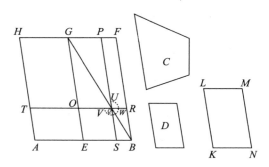

（注：为方便读者阅读，译者将 139 页图复制到此处。）

　　设 AB 在点 E 被等分［命题 I.10］，并设在 EB 上作与 D 相似且位置相似的平行四边形 $EBFG$［命题 Ⅵ.18］。完成平行四边形 AG。

　　因此，若 AG 等于 C，则上述任务已完成。因为平行四边形 AG 已被适配于线段 AB，它等于给定直线图形

C 并亏缺一个与 D 相似的平行四边形 GB。如若不然，设 HE 大于 C，但 HE 等于 GB［命题Ⅵ.1］。于是，GB 也大于 C。故设作平行四边形 $KLMN$ 与 D 相似且位置相似，并等于 GB 超过 C 的部分［命题Ⅵ.25］。但 GB 与 D 相似。所以 KM 也与 GB 相似［命题Ⅵ.21］。因此，设 KL 对应于 GE，LM 对应于 GF。且由于平行四边形 GB 等于图形 C 与平行四边形 KM 之和，GB 因此大于 KM。于是，GE 也大于 KL，且 GF 大于 LM。设作 GO 等于 KL，GP 等于 LM［命题Ⅰ.3］。并设已作出平行四边形 $OGPQ$。因此，GQ 等于 KM 并与 KM 相似［但 KM 与 GB 相似］。于是，GQ 也与 GB 相似［命题Ⅵ.21］。所以，GQ 与 GB 的对角线共线［命题Ⅵ.26］。设 GQB 是它们的公共对角线，并设图形的其余部分已经作出。

因此，由于 BG 等于 C 与 KM 之和，其中 GQ 等于 KM，剩下的拐尺形 UWV 因此等于剩下的 C。且由于补形 PR 等于补形 OS［命题Ⅰ.43］，设把平行四边形 QB 加于二者。于是，整个平行四边形 PB 等于整个平行四边形 OB。但是 OB 等于 TE，因为边 AE 等于边

EB[命题Ⅵ.1]。因此,TE 也等于 PB。设把平行四边形 OS 加于二者。于是,整个平行四边形 TS 等于拐尺形 VWU。但拐尺形 VWU 已被证明等于C。因此,平行四边形 TS 也等于图形 C。

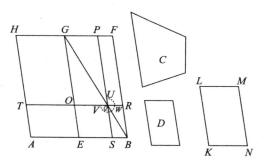

(注:为方便读者阅读,译者将 139 页图复制到此处。)

于是,等于给定直线图形 C 的平行四边形 ST 被适配于给定线段 AB,但亏缺与 D 相似的平行四边形 QB {因为 QB 相似于 GQ[命题Ⅵ.26]}。这就是需要证明的。

命题 30

对给定线段做黄金分割。

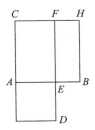

设 AB 是给定有限线段,故要求的是对线段 AB 作黄金分割。

设在线段 AB 上作正方形 BC[命题 Ⅰ.46],并设等于 BC 的平行四边形 CD 被适配于 AC,并超出相似于 BC 的直线图形 AD [命题 Ⅵ.29]。

BC 是正方形。因此,AD 也是正方形。且 BC 等于 CD,由二者分别减去矩形 CE。于是,剩下的矩形 BF 等于剩下的正方形 AD。且它们等角。因此,BF 与 AD 中夹等角的边互成反比例[命题 Ⅵ.14]。于是,FE 比 ED 如同 AE 比 EB。且 FE 等于 AB,ED 等于 AE。因此,BA 比 AE 如同 AE 比 EB。且 AB 大于 AE。所以,AE 也大于 EB[命题 Ⅴ.14]。

这样,线段 AB 在点 E 被黄金分割,且 AE 是较大者。这就是需要做的。

命题 31

直角三角形中对向直角的斜边上的图形等于直角边上的相似和位置相似的图形之和。

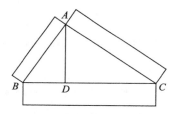

设 ABC 为直角三角形，有直角 BAC。我说在 BC 上所作图形等于在 BA 与 AC 上所作相似且位置相似图形之和。

作垂线 AD［命题Ⅰ.12］。

因此，由于在直角三角形 ABC 中，已从直角角顶 A 作出垂直于底边 BC 的线段 AD，在垂线周围的三角形 ABD 及三角形 ADC 与整个三角形 ABC 相似且彼此相似［命题Ⅵ.8］。而由于 ABC 与 ABD 相似，CB 比 BA 如同 AB 比 BD［定义Ⅵ.1］。又由于若三条线段成比例，则第一条与第三条之比，等于第一条上所作图形与

第二条上所作相似且位置相似图形之比［命题Ⅵ.19 推论］。因此，CB 比 BD，如同作在 CB 上的图形与作在 BA 上的相似且位置相似图形之比。同理也有，BC 比 CD，如同作在 BC 上的图形比作在 CA 上的图形。因而也有，BC 比 BD，DC 之和，如同作在 BC 上的图形与作在 BA 与 AC 上相似且位置相似的图形之和的比［命题 Ⅴ.24］。而 BC 等于 BD 加上 DC。因此，作在 BC 上的图形也等于作在 BA，AC 上相似且位置相似的图形之和［命题 Ⅴ.9］。

这样，直角三角形中对向直角的斜边上的图形等于直角边上的相似和位置相似的图形之和。这就是需要证明的。

第七卷 初等数论

内容提要

本卷讨论的是自然数,定义中的关键词汇总见表 7.1。

其中定义Ⅶ.20 对以后的许多命题特别重要。

表 7.1 第七卷中定义的关键词汇总

Ⅶ.1	单位
Ⅶ.2	多个单位⇒数
Ⅶ.3	小量尽大⇒小是大的一部分
Ⅶ.4	小量不尽大⇒小是大的几部分
Ⅶ.5	大被小量尽⇒大是小的倍量
Ⅶ.6	偶数可以被等分
Ⅶ.7	奇数不能被等分
Ⅶ.8	偶倍偶数
Ⅶ.9	偶倍奇数
Ⅶ.10	奇倍奇数
Ⅶ.11	素数

续表

VII.12	互素的数⇒公度为一单位
VII.13	合数
VII.14	互为合数的数
VII.15	乘法
VII.16	面数
VII.17	体数
VII.18	平方数
VII.19	立方数
VII.20	四数成比例
VII.21	相似面数与相似体数
VII.22	完全数

命题分类见表 7.2。其中部分 A 是求最大公约数的辗转相除法，一直沿用至今。这个著名的欧几里得算法是他的数论的基础。

表 7.2　第七卷中的命题分类

VII.1—4	A：欧几里得算法
VII.5—10	B：关于应用定义VII.20的数的比例的基本陈述
VII.11—16	C：把命题VII.5—7变换为应用词"比例"的陈述
VII.17—19	D：乘积的比与比例
VII.20—33	E：最大公约数（公度）理论，因式分解
VII.34—39	F：最小公倍数理论

定义

1.被称为一的**单位**使每个事物据之而存在。

2.**数**由多个单位组成。[①]

3.若较小数**量尽**较大数,则较小数是较大数的一部分。

4.若较小数**量不尽**较大数,则较小数是较大数的几部分。[②]

5.若较大数被较小数量尽,则较大数是较小数的**倍量**。

6.**偶数**可以被等分。

7.**奇数**不能被等分,或者说它与偶数相差一单位。

8.**偶倍偶数**可以按照一个偶数用偶数量尽。[③]

9.**偶倍奇数**可以按照一个奇数用偶数量尽。[④]

---

① 换句话说,"数"是大于一单位的正整数。

② 换句话说,数 a 是数 b 的几部分(这里 $a < b$),若存在不同的数 m 及 n 使 $na = mb$。——译者注

③ 换句话说,偶倍偶数是两个偶数的乘积。

④ 换句话说,偶倍奇数是偶数与奇数的乘积。

10.**奇倍奇数**可以按照一个奇数用奇数量尽。[①]

11.只能被一单位量尽的数称为**素数**。

12.**互素的数**只能被作为**公度**[②]的一单位量尽。

13.**合数**能被某个数量尽。

14.**互为合数的数**能被某个公度量尽。

15.一个数被称为**乘**另一个数,若被乘数自我相加的次数等于前一个数具有的单位,并且由此产生其他数。

16.两数相乘得到的数被称为**面数**,其两边就是相乘的两数。

17.三数相乘得到的数被称为**体数**,其三边就是相乘的三数。

18.**平方数**由相等数乘相等数得到,或者说是两个相等数包含的面数。

---

① 换句话说,奇倍奇数是两个奇数的乘积。

② 在对象为自然数的第七和第八卷中,对"数"而言,common measure 译为"公度",其实它就是公约数(common divisor)。在第十卷中对一般的"量"而言,common measure 译为"公度量"。——译者注

19. **立方数**由相等数乘相等数再乘相等数得到,或者说是三个相等数包含的体数。

20. 称以下四个数是**成比例**的,若第一数就第二数而言,是第三数就第四数而言的相同倍数或相同一部分或相同几部分。

21. **相似面数**与**相似体数**是各边成比例的数。

22. **完全数**等于其自身各部分之和。①

命题 1

设有两个不相等的数,从较大者不断减去较小者直到前者更小,然后反过来继续,若余数始终量不尽前一个数直到只剩一单位,则这两个数互素。

对两个不相等的数 AB 与 CD,从较大者不断减去较小者直到前者更小,然后反过来继续,若余数始终量不尽前一个数直到只剩一单位。我说 AB 与 CD 互素,即只有一单位可以把 AB 和 CD 都量尽。

其理由如下。若 AB 与 CD 不互素,则有某数量尽

---

①　换句话说,完全数是其自身各个因子之和。

它们,设该数为 E。设用 CD 量 AB 得到 BF,剩下的数 FA 小于 CD 本身,并设用 AF 量 CD 得到 DG,剩下的数 GC 小于 AF 本身。又设用 GC 量 AF 得到 FH,剩下一单位 HA。

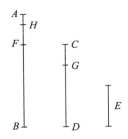

　　事实上,由于 E 量尽 CD,CD 量尽 BF,E 因此也量尽 BF。且 E 也量尽整个 BA,所以,E 也量尽剩下的 AF。而 AF 量尽 DG,因此,E 也量尽 DG。且 E 也量尽整个 DC,于是,E 也量尽剩下的 CG。而 CG 量尽 FH,因此,E 也量尽 FH。且 E 也量尽整个 FA,于是,E 也量尽剩下的单位 AH。尽管 E 是一个数。而这是不可能的。因此,没有一个数可以量尽 AB 与 CD。所以,AB 与 CD 互素。这就是需要证明的。

命题 22

有相同比的那些数组中的最小者互素。

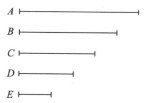

设 A 与 B 是与它们有相同比的那些数组中的最小者。我说 A 与 B 互素。

其理由如下。若它们不互素,则有某个数 C 量尽它们。C 量尽 A 需要多少次,设 D 中就有多少个单位,C 量尽 B 需要多少次,设 E 中就有多少个单位。

由于 C 按照 D 中的单位数量尽 A,因此 C 乘 D 得到 A[定义Ⅶ.15]。同理,C 量尽 B 按照 E 中的单位数,因此 C 乘 E 得到 B。故 C 分别与两个数 D 与 E 相乘得到 A 与 B。因此 D 比 E 如同 A 比 B[命题Ⅶ.17]。所以,D,E 如同 A,B 有相同的比,且比它们小。而这是不可能的。因此,没有一个数可以量尽数 A 与 B。故 A 与 B 是互素的。这就是需要证明的。

命题 33

求与任意多个给定数有相同比的数组中的最小者。

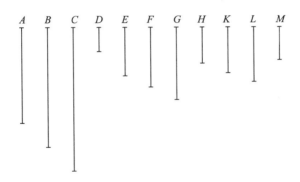

设 A,B 与 C 是任意给定的几个数,故要求的是找出与 A,B 与 C 有相同比的数组中的最小者。

其理由如下。A,B,C 或者互素或者不互素。事实上,若 A,B,C 互素,则它们就是与之有相同比的那些数组中的最小者[定义Ⅶ.22]。

如若不然,设取得 A,B,C 的最大公度 D[命题Ⅶ.3]。且 D 分别需要多少次量尽 A,B,C,就设 E,F,

G 中分别有多少个单位。因此，E,F,G 分别按照 D 中的单位数量尽 A,B,C[命题Ⅶ.15]。于是，E,F,G 与 A,B,C 有相同比[定义Ⅶ.20]。我说，它们也是与 A，B,C 有相同比的那些数中的最小者。

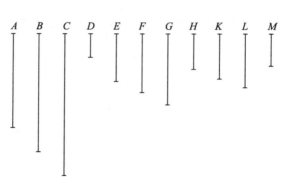

（注：为方便读者阅读，译者将153页图复制到此处。）

　　其理由如下。若 E,F,G 不是与 A,B,C 有相同比的那些数中的最小者，则有与 A,B,C 有相同比的某些数小于 E,F,G。设它们是 H,K,L。于是 H 量尽 A 的次数分别与 K,L 量尽 B,C 的次数相同。H 量尽 A 的次数是多少，就设 M 中就有多少个单位。由于 H 按照 M 中的单位数量尽 A，M 因此也按照 H 中的单位数量尽 A[命题Ⅶ.15]。同理，M 也分别按照 K,L 中的单

位数量尽 B , C 。因此, M 量尽 A , B , C 。且由于 H 按照 M 中的单位数量尽 A ,因此, H 乘 M 得到 A 。同理, E 乘 D 也得到 A 。所以, E 与 D 相乘产生的数等于 H 与 M 相乘产生的数。于是, E 比 H 如同 M 比 D [命题 Ⅶ.19]。且 E 大于 H 。因此, M 也大于 D [命题 Ⅴ.13]。但 M 量尽 A , B , C 。而这是不可能的。因为 D 已被假设为 A , B , C 的最大公度,因此,不可能有任何数组小于 E , F , G 且与 A , B , C 有相同比。因此, E , F , G 是与 A , B , C 有相同比数组中的最小者。这就是需要证明的。

第八卷　连比例中的数

内容提要

第八、第九卷命题的分类见表8.1。第九卷的内容可以看作是第八卷的继续,故放在一起叙述。

表8.1　第八、第九卷中的命题分类

Ⅷ.1—4	A_1:成连比例的最小数组
Ⅷ.5	面数之比是其边之比的复比(单独命题)
Ⅷ.6—10	A_2:成连比例数组中数的互质和插入
Ⅷ.11—27	B_1:数字的几何学:相似面数和体数,比例中项
Ⅸ.1—6	B_2:数字的几何学:相似面数和体数,比例中项
Ⅸ.7	合数乘某个其他数得到体数(单独命题)
Ⅸ.8—13	A_3:从1开始的连比例数
Ⅸ.14—17	A_4:连比例中互素的数
Ⅸ.18—19	A_5:何时可对连比例数添加第三或第四个数
Ⅸ.20	存在无限多个素数(单独命题)
Ⅸ.21—34	C:偶数与奇数的理论
Ⅸ.35	A_6:比例数组之和(单独命题)
Ⅸ.36	构建一个完全数(单独命题)

第八卷　连比例中的数

这两卷中相当大的一部分(A1—A6,共 22 个命题)涉及连比例。这里所谓成连比例的数组

$$a_0, a_1, a_2, a_3, \cdots a_n$$

其实就是一个等比级数。即

$$a_0 : a_1 = a_1 : a_2 = a_2 : a_3 = \cdots$$

$$或 a_n = a_0 q^n$$

但其各项均为自然数,故 q 只能是整数和简单的分数如 $\frac{3}{2}, \frac{5}{2}$ 之类。有时 $a_0 = 1$,于是 q 只能是整数。

记住以上几点对理解相关的命题大有帮助,我们还对每个命题尽可能给出一个数字实例(注意它们不是唯一的),以帮助读者理解。

命题 1

若任意多个成连比例数①的最外项互素,则这个数组在与之有相同比数组中是最小者。

设 A, B, C, D 是成连比例的任意一组数字,又设其最外项 A 与 D 互素。我说 A, B, C, D 是与它们有相同比的数组中的最小者。

其理由如下。如若不然,设 E, F, G, H 分别小于 A, B, C, D,且与它们有相同比。由于 A, B, C, D 与 E, F, G, H 有相同比,而且 A, B, C, D 的个数等于 E, F, G, H 的个数,因此,由首末比例,A 比 D 如同 E 比 H

---

① 对应的英语短语是 continuously proportional numbers。一般来说,比(ratio)是指两个或多个量之间的关系,而比例是指两个或多个比之间的关系。几个量之比应该称为连比。但在本书中,连比 $a:b:c:\cdots$ 都包含着某种比例关系,最常见的是按照给定的一个比($A:B$),即 $a:b=b:c=\cdots$(若未加说明,便作如此理解);或多个比($A:B$, $C:D$, $\cdots$),即 $a:b=A:B$, $b:c=C:D$, $\cdots$(见命题 4)。也就是说,连比一般都包含了两个或多个比之间的关系,因此一般译为"连比例"。——译者注

[命题Ⅶ.14]。但 A 与 D 互素。而素数组是有相同比
的数组中的最小者[命题Ⅶ.21]。最小数组量度与它们
有相同比的那些数组时,较大数量尽较大数的次数与较
小数量尽较小数的次数相同。也就是说,前项量尽前项
的次数与后项量尽后项的次数相同[命题Ⅶ.20]。于
是,A 量尽 E,即较大数量尽较小数。而这是不可能的。
因此小于 A,B,C,D 的 E,F,G,H 不可能与前者有相
同比。[①] 这就是需要证明的。

命题 2

找出按照给定比成连比例的指定个数的最小数组。

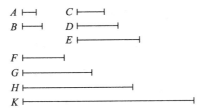

设在最小数组中的给定比为 A 比 B。故要求的是
找到指定个数的按照 A 比 B 成连比例的最小数组。

---

① 命题Ⅷ.1数字实例:$A,B,C,D=8,12,18,27.$ ——译者注

设指定个数为 4.并设 A 自乘得到 C，又设它乘 B 得到 D。再设 B 自乘得到 E。又设 A 乘 C,D,E 得到 F,G,H，而 B 乘 E 得到 K。

由于 A 自乘得到 C，A 乘 B 得到 D，故 A 比 B 如同 C 比 D［命题Ⅶ.17］。再者，由于 A 乘 B 得到 D，而 B 自乘得到 E，A 与 B 分别乘 B 得到 D 与 E。因此，A 比 B 如同 D 比 E［命题Ⅶ.18］。但 A 比 B 如同 C 比 D。因此 C 比 D 如同 D 比 E。且由于 A 与 C,D 相乘得到 F,G，因此，C 比 D 如同 F 比 G［命题Ⅶ.17］。但 C 比 D 也如同 A 比 B。因此，A 比 B 如同 F 比 G。再者，由于 A 与 D,E 相乘得到 G,H，因此，D 比 E 如同 G 比 H［命题Ⅶ.17］。但是，D 比 E 如同 A 比 B。且因此，A 比 B 如同 G 比 H。由于 A,B 乘 E 得到 H,K，因此，A 比 B 如同 H 比 K。但是 A 比 B 如同 F 比 G 及 G 比 H。因此，F 比 G 如同 G 比 H 及 H 比 K。于是，C,D,E 与 F,G,H,K 都按照 A 比 B 成连比例。① 我说它们

① 命题Ⅷ.2数字实例：$A:B=2:3,C:D:E=4:6:9,F:G:H:K=8:12:18:27$.——译者注

也是有这个连比例的最小数组。

其理由如下。由于 A 与 B 是与之有相同比数组中的最小者,而有相同比的那些数组中的最小者互素[命题Ⅶ.22]。A 与 B 因此互素。而 A 与 B 分别自乘得到 C 与 E,又分别乘 C 与 E 得到 F,K。因此,C 与 E 互素及 F 与 K 互素[命题Ⅶ.27]。且若有任意多个连比例数,其最外项互素,则这个数组是与之有相同比的数组中的最小者[命题Ⅷ.1]。因此,C,D,E 与 F,G,H,K 是那些与 A,B 有相同比的连比例数组中的最小者。这就是需要证明的。

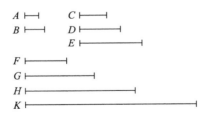

(注:为方便读者阅读,译者将 159 页图复制到此处。)

推论

由此显然可知，若成连比例的三个数是与之有相同比的数组中的最小者，则它们的两个最外项是平方数。对四个数的类似情况，两个最外项是立方数。

第九卷　连比例中的数；
奇偶数与完全数理论

第九卷内容可以看作第八卷的继续,请参看第八卷
内容提要。

命题 8

前面还有一单位的任意多个数成连比例,由一单位
算起的第三个是平方数,且以后每隔一个就是平方数,第
四个是立方数,且以后每隔两个就是立方数,第七个既是立
方数又是平方数,且以后每隔五个既是立方数又是平方数。

设任意多个前面还有一单位的数 A , B , C , D , E , F

成连比例。① 我说由一单位算起的第三数 B 是平方数，以后每隔一个都是平方数，第四数 C 是立方数，以后每隔两个都是立方数，第七数 F 既是立方数又是平方数，以后每隔五个既是立方数又是平方数。

（注：为方便读者阅读，译者将 163 页图复制到此处。）

其理由如下。由于一单位比 A 如同 A 比 B，一单位量尽 A 的次数因此与 A 量尽 B 的次数相同[定义 Ⅶ.20]。但一单位按照 A 中的单位数量尽 A，因此，A 也按照 A 中的单位数量尽 B。于是，A 自乘得到 B[定义 Ⅶ.15]。因此，B 是平方数。又由于 B，C，D 成连比例，且 B 是平方数，D 因此也是平方数[命题 Ⅷ.22]。同理，F 也是平方数。类似地，我们也可以证明，所有以后的数中，每隔一个数是平方数。我也说，由一单位算

---

① 意思是：1，A，B，C，D，E，F 是一个等比数列。——译者注

起的第四数 C 是立方数,所有以后的数中,每隔两个数是立方数。其理由如下。由于一单位比 A 如同 B 比 C,一单位量尽 A 的次数因此与 B 量尽 C 的次数相同。而一单位按照 A 中的单位数量尽 A。因此,B 按照 A 中的单位数量尽 C。于是 A 乘 B 得到 C。因此,由于 A 自乘得到 B,且 A 乘 B 得到 C,C 因此是立方数。又由于 C,D,E,F 成连比例,C 是立方数。F 因此也是立方数[命题Ⅷ.23]。但它也已被证明是平方数。因此,由一单位算起第七数既是立方数也是平方数。类似地,我们可以证明,所有以后的数中每隔五个既是立方数也是平方数。① 这就是需要证明的。

命题 18

对给定的两个数,探讨能否找到与它们成比例的第三个数。

设 A 与 B 是两个给定的数。故要求的是探讨能否

---

① 命题Ⅸ.8数字实例:$A,B,C,D,E,F=2,4,8,16,32,64$,注意最前面还有一个数"1"。——译者注

找到第三个数与之成比例。

　　A 与 B 或者互素或者不互素。若它们是互素的,已经证明了不可能找到与它们成比例的第三个数[命题Ⅸ.16]。

　　故设 A 与 B 不互素,并设 B 自乘得到 C。故 A 或者量尽 C 或者量不尽 C。首先,设 A 按照 D 量尽 C。因此,A 乘 D 得到 C。但事实上,C 也可以通过 B 的自乘得到,因此,A,D 的乘积等于 B 的平方[命题Ⅶ.19]。所以,与 A,B 成比例的第三个数已经找到,它就是 D。

　　现在设 A 量不尽 C。我说不可能找到与 A,B 成比例的第三个数。其理由如下。如若可能,设它已被找到为 D。因此,A,D 的乘积等于 B 的平方[命题Ⅶ.19]。而 B 的平方是 C。因此,A,D 的乘积等于 C。因而,A 乘 D 得到 C。因此,A 按照 D 量尽 C。但事实上,A 已被假设为量不尽 C。这是荒谬的。因此,若 A 量不尽

C,则不可能找到与 A,B 成比例的第三个数。[①] 这就是需要证明的。

命题 20

所有素数的集合中的素数比指定的任意多个素数更多。

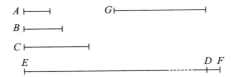

设 A,B,C 是指定的素数。我说所有素数的集合中素数的数目比 A,B,C 更多。

其理由如下。设取被 A,B,C 量尽的最小数为 DE[命题Ⅶ.36]。并设对 DE 加上一单位 DF。则 EF 或者是素数或者不是。首先,设它是素数。于是已找到多于 A,B,C 的素数集合 A,B,C,EF。

又设 EF 不是素数。于是 EF 可以被某个素数量

---

① 命题Ⅸ.18 数字实例:A,B,C,D=4,6,36,9。——译者注

尽[命题Ⅶ.31]。设它被素数 G 量尽。我说 G 与 A,B,C 中的任何一个都不同。其理由如下。设它们相同,检验是否可能。已知 A,B,C 都量尽 DE,因此,G 也量尽 DE。且它也量尽 EF。故 G 也量尽剩下的数,即一单位 DF,尽管 G 是一个数[命题Ⅶ.28]。这是荒谬的。因此 G 与 A,B,C 中的任何一个都不同。且已假设它是素数。这样就找到了素数集合 A,B,C,G,其个数多于指定的 A,B,C 的个数。[1] 这就是需要证明的。

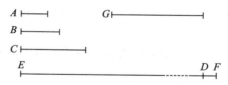

(注:为方便读者阅读,译者将 167 页图复制到此处。)

---

① 命题Ⅸ.20 数字实例:A,B,C,ED,DF,$G = 2,3,5,30,1$,7。——译者注

第十卷　不可公度线段

内容提要

第十卷占全书篇幅的四分之一,第一个命题给出了十分重要的穷举法基础,其余讨论可公度量与不可公度量。记住把这些量用指定为一单位的量度量得到一个数,就可以与现代数学中常用的有理数和无理数联系起来,从而降低阅读的难度。

不可公度(无理)量的发现代表了古希腊数学的最高成就之一。首先要理解两个概念:"可公度性"(commensurability),这是自然数的"可公约性"对实数和一般的"量"(例如线和面)的推广,以及"量尽"(measured)这是"除尽"的推广。差别在于,自然数是客观存在的数,而可公度性的参考量,是一个人为指定的尺度,它可以是一个实数,也可以是例如线段或面积。衍生的概念如公度量及最大公度量,不难由公约数及最大公约数类比得到,再如公倍量及最小公倍量,不难由公倍数及最小公倍数类比得到。

　　可公度性其实比可公约性更为一般,因为例如对线段而言,它还包含了平方可公度性如下。若一条线段可以与指定线段被同一个长度尺度量尽,则它们长度可公度,否则长度不可公度。若二者上的正方形可以被同一个面积尺度量尽,则它们平方可公度(但不一定是长度可公度的),否则平方不可公度。

　　简而言之,一条线段可以与指定线段仅平方可公度(长度不可公度)。或者长度及平方均可公度/不可公度。这样一来,设指定线段的长度为 1,一般会认为有理线段的长度有形式 $\dfrac{m}{n}$,而欧几里得的定义也包括 $\sqrt{k}\,\dfrac{m}{n}$,这里 k, m, n 都是整数。然而对面积而言,可公度性只涉及面积本身。理论上也可以对其他量,如体积、温度等作类似的定义,不过未见有人提及。

定　义

1. 能被同一尺度**量尽的那些量称为可公度的**，不能被同一尺度量尽的那些量称为**不可公度**的。

2. 两条线段被称为**平方可公度的**，若它们之上的正方形可被同一面积量尽；但它们被称为**平方不可公度的**，若它们之上的正方形不可能有一个面积作为公共尺度。

3. 基于这些假设，已经证明存在无穷多条线段，它们与指定线段或者可公度或者不可公度，有些仅长度不可公度，另一些也是平方可公度或不可公度。因此，把指定线段称为**有理的**，并把与之或者长度及平方可公度，或者仅平方可公度的线段也称为**有理的**。但与之不可公度的线段被称为**无理的**。

4. 称指定线段上的正方形是**有理的**。与之可公度的面积也称为**有理的**。但与之不可公度的面积称为**无理的**，后一个**面积的平方根**也称为**无理的**，若面积是正方形，这个平方根就是边本身，若面积是某个其他直线图形，它是与该图形相等的**正方形的边**。

命题 1

若从两个给定不等量中的较大者减去大于一半的部分,又从剩下的部分再减去大于一半的部分,如此继续,则最终一定会留下小于开始时较小者的某个量。

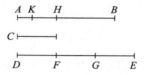

设 AB 与 C 是两个不等量,其中 AB 较大。我说若从 AB 减去大于其一半的量,又从余量减去大于其一半的量,如此继续,则最终会留下某个小于 C 的量。

其理由如下。C 的若干倍 DE 大于 AB [定义 V.4]。设已这样做了。并设 DE 既是 C 的倍量,又大于 AB。又把 DE 分为都等于 C 的 DF,FG,GE 三部分,从 AB 减去大于其一半的 BH,又从 AH 减去大于其一半的 HK,如此继续,直到 AB 中分段的个数等于 DE 中分段的个数。

因此,设 AB 中分段 AK,KH,HB 的个数等于

DF,FG,GE 的个数。且因为 DE 大于 AB,又从 DE 减去小于其一半的 EG,再从 AB 减去大于其一半的 BH,剩下的 GD 因此大于剩下的 HA。又因为 GD 大于 HA,从 GD 减去其一半的 GF,再从 HA 减去大于其一半的 HK,剩下的 DF 因此大于剩下的 AK。且 DF 等于 C,C 因此也大于 AK。于是,AK 小于 C。

这样,量 AB 留下小于较小给定量 C 的 AK。这就是需要证明的。即使若减去的部分是一半,也可以类似地证明本定理。

命题 2

交替地不断从两个不相等量的较大量减去较小量,若剩余量从未量尽它前面的量,则这两个量不可公度。

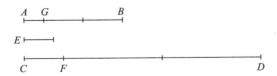

设有两个不相等的量 AB 与 CD，其中 AB 较小，设交替地不断从较大量减去较小量，而剩下的量从未量尽它前面的量。我说 AB 与 CD 不可公度。

其理由如下。若它们可公度，则有某个量量尽二者。设这个量为 E，检验是否可能。设 AB 量度 CD 剩下 CF 小于 AB 自身，CF 量度 BA 剩下 AG 小于 CF 自身，如此不断继续，直到剩下的某个量小于 E。设这已发生，并设剩下的 AG 小于 E。因此，由于 E 量尽 AB，但 AB 量尽 DF，因此 E 也量尽 FD。且它也量尽整个 CD，因此它也量尽剩下的 CF。但 CF 量尽 BG，因此，E 也量尽 BG。且它也量尽整个 AB。因此，它也量尽余量 AG。这样，较大量 E 量尽较小量 AG。而这是不可能的。因此，不可能有一个量量尽 AB 与 CD 二者。所以，量 AB 与 CD 不可公度[定义 Ⅹ.1]。

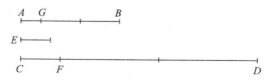

（注：为方便读者阅读，译者将 173 页图复制到此处。）

这样,如果……两个不相等量的,等等。

命题 3

求两个给定可公度量的最大公度量。

设 AB 与 CD 是两个给定的量,其中 AB 较小。故要求的是找出 AB 与 CD 的最大公度量。

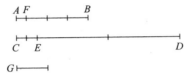

因为量 AB 或者量尽 CD,或者量不尽 CD。因此,若 AB 量尽 CD,则由于它也量尽自身。AB 便是 AB 与 CD 的一个公度量。显然,它是最大的,因为大于 AB 的量不会量尽 AB。

然后设 AB 量不尽 CD。考虑到 AB 与 CD 并非不可公度的,若交替地不断从较大量中减去较小量,余量在某一时刻量尽它前面的量[命题 X.2]。并设 AB 量度 ED 剩下 EC 小于其自身,又设 EC 量度 FB 剩下 AF 小于其自身,再设 AF 量尽 CE。

因此,由于 AF 量尽 CE,但 CE 量尽 FB,AF 量尽 FB。且 AF 也量尽它自身,因此 AF 也量尽整个 AB。但 AB 量尽 DE,因此 AF 也量尽 ED。且它也量尽 CE,因此它也量尽整个 CD。所以,AF 是 AB 与 CD 的公度量。我说它也是最大公度量。其理由如下。如若不然,必有某个大于 AF 的量量尽 AB 与 CD。设它是 G。因此,由于 G 量尽 AB,但 AB 量尽 ED,G 因此也量尽 ED。且它也量尽整个 CD,因此 G 也量尽余量 CE。但 CE 量尽 FB,因此,G 也量尽 FB。但它也量尽整个 AB,故它也量尽余量 AF,即较大量量尽较小量。而这是不可能的。因此,不可能有某个大于 AF 的量量尽 AB 与 CD。所以 AF 是 AB 与 CD 的最大公度量。

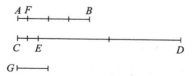

(注:为方便读者阅读,译者将 175 页图复制到此处。)

这样就找到了两个给定可公度量 AB 与 CD 的最大公度量。这就是需要做的。

推论

由此显然可知,量尽两个量的量也量尽它们的最大公度量。

命题 5

可公度量之比是某个数比某个数。

设 *A* 与 *B* 是两个可公度量。我说 *A* 比 *B* 是某个数比某个数。

其理由如下。若 *A* 与 *B* 是可公度量,则有某个量量尽它们。设该量是 *C*。而且 *C* 量尽 *A* 的次数是多少,便设 *D* 中有多少个单位。而 *C* 量尽 *B* 的次数是多少,*E* 中就有多少个单位。

因此,由于 *C* 按照 *D* 中的单位数量尽 *A*,一单位也按照 *D* 中的单位数量尽 *D*。因此,*C* 比 *A* 如同一单位

比 D[定义Ⅶ.20]。由反比例,A 比 C 如同 D 比一单位[命题Ⅴ.7推论]。再者,由于 C 按照 E 中的单位数量尽 B,一单位也按照 E 中的单位数量尽 E,与 C 量尽 B 的次数相同。于是,C 比 B 如同一单位比 E[定义Ⅶ.20]。且也已证明,A 比 C 如同 D 比一单位,于是,由首末比例,A 比 B 如同数 D 比数 E[命题Ⅴ.22]。

(注:为方便读者阅读,译者将 177 页图复制到此处。)

这样,可公度量 A 与 B 彼此之比如同数 D 比数 E。这就是需要证明的。

命题 115

由一条中项线①可以生成无理线段的一个无穷序列,且其中任何一条都与前面的任何一条不同。

---

① 仅平方可公度的两条有理线段所夹矩形是无理的,且其平方根是无理的,称之为中项线。——译者注

设 A 是中项线。我说由 A 可以生成无理线段的一个无穷序列,且其中任何一条都与前面的任何一条不同。

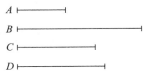

设给出有理线段 B,并设 C 上的正方形等于 B 与 A 所夹矩形,因此,C 是无理的[定义 X.4]。因为无理线段与有理线段所夹矩形是无理的 [命题 X.20]。且 C 与前面的任何一条线段不同。因为没有一条前面的线段上的正方形,可以适配于有理线段,使得产生的宽是中项线。再者,设 D 上的正方形等于 B 与 C 所夹矩形。因此,D 上的正方形是无理的[命题 X.20]。D 因此是无理的[定义 X.4],且它与前面任何一条无理线段都不同。由于没有前面的一条无理线段上的正方形可以适配于一条有理线段而产生宽 C。类似地,若这种运作进行到无穷,显然由一条中项线能生成无理线段的一个无穷序列,而且其中没有一条与前面的线段相同。这就是需要证明的。

第十一卷 立体几何基础

内容提要

本卷的 28 个定义示于图 11.1.它们可以分类如表 11.1.这些定义应用于第十一至十三卷。本卷命题的分类见表 11.2,可以看出本卷主要研究了立体角和平行六面体,它们分别相当于平面几何中的三角形和平行四边形。

表 11.1 第十一卷中的定义的分类

XI.1,2	体和面
XI.3-8	平面与直线之间的夹角
XI.11-23	立体角、棱锥、棱柱、球圆锥和圆柱
XI.10,24	相似立体、圆锥和圆柱
XI.25-28	正多面体

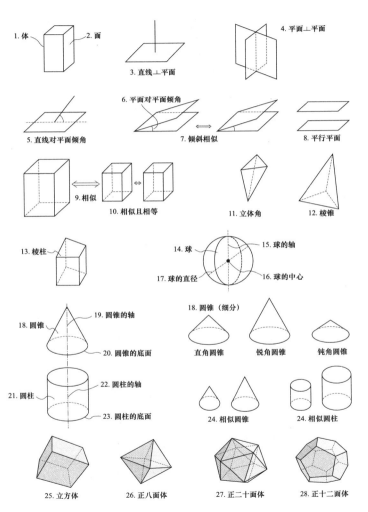

第十一卷　立体几何基础

1. 体　　2. 面

3. 直线⊥平面　　4. 平面⊥平面

5. 直线对平面倾角　　6. 平面对平面倾角　　7. 倾斜相似　　8. 平行平面

9. 相似　　10. 相似且相等　　11. 立体角　　12. 棱锥

13. 棱柱　　14. 球　　15. 球的轴　　16. 球的中心　　17. 球的直径

18. 圆锥　　19. 圆锥的轴　　20. 圆锥的底面

18. 圆锥（细分）　　直角圆锥　　锐角圆锥　　钝角圆锥

21. 圆柱　　22. 圆柱的轴　　23. 圆柱的底面

24. 相似圆锥　　24. 相似圆柱

25. 立方体　　26. 正八面体　　27. 正二十面体　　28. 正十二面体

图 11.1　第十一卷的定义

181

表 11.2 第十一卷中命题的分类

ⅩⅠ.1−19	A:立体几何的基本事实
ⅩⅠ.20−23	B₁:立体角与构成它的平面角
ⅩⅠ.24,25	C₁:平行六面体
ⅩⅠ.26	B₂:过给定点作立体角
ⅩⅠ.27	C₂:过给定线段作平行六面体
ⅩⅠ.28−34	C₃:平行六面体的性质
ⅩⅠ.35	平面角的一个性质
ⅩⅠ.36−37	C₄:连比例线段与平行六面体
ⅩⅠ.38,39	第十二卷的两个引理

表 11.3 第一卷与十一卷部分命题的类比

第一卷		第十一卷	
（Aa）		（Aa）	
Ⅰ.1−10	基础知识	ⅩⅠ.1−5	基础知识
		ⅩⅠ.6−10	线和面的平行性与角
Ⅰ.11,12	作直线垂直于给定直线	ⅩⅠ.11−13	作直线垂直于给定面
		ⅩⅠ.14	与同一条直线正交的二平面相互平行
	（Ab）		（Ab）
Ⅰ.13−15	直线间的角	ⅩⅠ.15,16,18,19	直线与平面的正交和平行
Ⅰ.16,17	三角形中的角		
		ⅩⅠ.17	平行平面截得的线段成比例（与Ⅵ.2相似）

续表

第一卷		第十一卷	
(Ac)		(Ac)	
I.18,19	三角形中的大边和大角		
I.20	三角形两边之和大于第三边	XI.20	构成立体角的两平面角之和大于其第三角
		XI.21	立体角的诸平面角之和小于四个直角
I.21,22	由三边作三角形	XI.22,23	由三个平面角作立体角
I.23	在给定点复制给定角	XI.26	在给定点复制立体角
I.24,25	两个三角形的边与角关系		

定义

1. **体**是有长、宽与高之物。

2. 体之**边界**是面。

3. **直线与平面成直角**，若它与也在该平面中并与它相连接的所有直线都成直角。

4. **平面与平面成直角**，若在一个平面中与两个平面的交线成直角的所有直线，都与另一平面成直角。

5. **直线对平面的倾角**是该直线与平面中一条直线之间的夹角，后一条直线是该直线上平面外一点向平面所作垂线的垂足与该直线在平面中的点的连线。

6. **平面对平面的倾角**，是每个平面中各一条直线之间所夹的锐角，这两条直线通过同一点，并与两个平面的交线成直角。

7. 一个平面对一个平面的倾斜被称为与另一个平面对另一个平面的**倾斜相似**，若上述倾角彼此相等。

8. **平行平面**彼此不会相遇。

9. **相似的立体图形**包含个数相等且位置相似的多

个相似平面。

10.相似且相等的立体图形包含个数与大小相等且位置相似的多个平面。

11.立体角由多于两条不在同一面中且相互连接于一点的线组成。或者说,立体角由构建于同一点的不在同一平面中的多于两个平面角组成。

12.棱锥是由同一平面向一点作出的多个平面围成的立体图形。

13.棱柱是由多个平面围成的立体图形,其中两个相对平面相等、相似且平行,剩下的诸平面是平行四边形。

14.球是一个半圆环绕其保持固定的直径旋转并回到起始位置形成的封闭图形。

15.球的轴是半圆环绕之旋转成球的那条固定直径。

16.球的中心与半圆的中心相同。

17.球的直径是通过球心的任意直线被球面截出的线段。

18.圆锥是直角三角形环绕其保持固定的直角边旋

转并回到起始位置形成的封闭图形。若固定直角边等于剩下的旋转的直角边，得到**直角圆锥**，若小于，**钝角圆锥**，以及若大于，**锐角圆锥**。

19.**圆锥的轴**是三角形环绕之旋转的固定边。

20.**圆锥的底面**是剩下的直角边环绕轴旋转所作的圆。

21.**圆柱**是矩形环绕其保持固定的一边旋转并回到起始位置形成的封闭图形。

22.**圆柱的轴**是矩形环绕之旋转的固定边。

23.**圆柱的底面**是两条旋转的相对边所作的圆。

24.**相似圆锥或圆柱**的轴与底面直径成比例。

25.**立方体**是六个相等的正方形围成的立体图形。

26.**正八面体**是八个相等的等边三角形围成的立体图形。

27.**正二十面体**是二十个相等的等边三角形围成的立体图形。

28.**正十二面体**是十二个相等的等边五边形围成的立体图形。

命题 3

若两个平面相交,则它们的交线是一条直线。

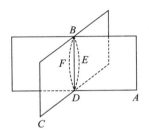

设两个平面 AB 与 BC 相交,DB 是其交线。我说 DB 是一条直线。

其理由如下。如若不然,即若 DB 不是直线,设在平面 AB 中从 D 到 B 连直线 DEB,并设在平面 BC 中连直线 DFB。故两条直线 DEB 与 DFB 有相同的端点,且它们显然围成一个平面,而这是荒谬的。因此,DEB 与 DFB 不可能不是直线。类似地,我们可以证明,除了平面 AB 与 BC 的交线 DB 之外,不可能从 D 到 B 连接任何其他直线。

这样,若两个平面相交,则它们的交线是一条直线。

这就是需要证明的。

命题 4

若作一条直线与另外两条彼此相交的直线在交点处成直角,则该直线也与通过这两条直线的平面成直角。

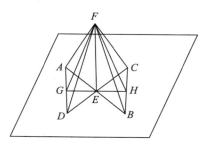

设直线 EF 与两条相交的直线 AB 与 CD 在它们的交点 E 处成直角,我说 EF 也与 AB,CD 所在的平面成直角。

其理由如下。设从两条直线截下彼此相等的 AE,EB,CE,ED,通过 E 在 AB 与 CD 所在的平面中作任意直线 GEH。连接 AD 与 CB。此外,由 EF 上的任意点 F 连接 FA,FG,FD,FC,FH,FB。

由于两条线段 AE 与 ED 分别等于线段 CE 与 EB，而且其夹角也相等 [命题 I.15]。底边 AD 因此等于底边 CB。并且三角形 AED 等于三角形 CEB [命题 I.4]。因而，角 DAE 等于角 EBC。且角 AEG 也等于角 BEH [命题 I.15]。故 AGE 与 BEH 是有两个角分别等于两个角，一边等于一边（在相等角之间的 AE 与 EB）的两个三角形。因此，它们剩下的两边也相等 [命题 I.26]。于是，GE 等于 EH，AG 等于 BH。又由于 AE 等于 EB，而 FE 是两个直角处的公共边，底边 FA 因此等于底边 FB [命题 I.4]。同理，FC 也等于 FD。又由于 AD 等于 CB，且 FA 也等于 FB，两边 FA 与 AD 分别等于两边 FB 与 BC。而底边 FD 已被证明等于底边 FC。因此，角 FAD 也等于角 FBC [命题 I.8]。又由于 AG 已被证明等于 BH，但 FA 也等于 FB，两条线段 FA 与 AG 分别等于两条线段 FB 与 BH。且角 FAG 已被证明等于角 FBH。因此，底边 FG 等于底边 FH [命题 I.4]。又由于 GE 已被证明等于 EH，且 EF 是公共边，两条线段 GE 与 EF 分别等于两条线段 HE 与 EF。而底边 FG 等于底边 FH，因此，角 GEF 等于角

HEF[命题 I.8]。角 GEF 与角 HEF 因此每个都是直角[定义 I.10]。所以，FE 与 GH 成直角，后者是在 AB 与 AC 所在的参考平面中通过 E 任意作出的。类似地，我们可以证明，FE 与参考平面中与它相连的所有直线都成直角[定义 XI.3]。因此，FE 与参考平面成直角。且参考平面通过直线 AB 与 CD。

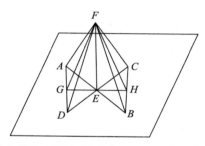

（注：为方便读者阅读，译者将 188 页图复制到此处。）

这样，若作一条直线与另外两条彼此相交的直线在交点处成直角，则该直线也与通过这两条直线的平面成直角。这就是需要证明的。

命题 6

与同一平面成直角的两条直线相互平行。

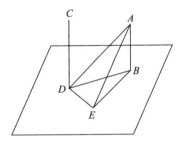

设两条直线 AB 与 CD 都与一个参考平面成直角。我说 AB 平行于 CD。

其理由如下。设它们与参考平面分别相交于点 B 与 D。连接直线 BD。设在参考平面中作 DE 与 BD 成直角,并取 DE 等于 AB,连接 BE,AE,AD。

由于 AB 与参考平面成直角,它也与该平面中与之相交的所有直线成直角[定义 XI.3]。而参考平面中的 BD 及 BE 都与 AB 相连接,因此,角 ABD 与角 ABE 每个都是直角。同理,角 CDB 与角 CDE 也每个都是直角。

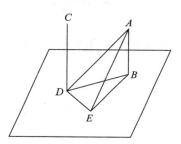

（注:为方便读者阅读,译者将191页图复制到此处。）

又由于 AB 等于 DE,BD 是公共的。两条线段 AB 与 BD 分别等于两条线段 ED 与 DB,它们都夹直角。因此,底边 AD 等于底边 BE[命题 I.4]。又由于 AB 等于 DE,AD 也等于 BE。两条线段 AB 与 BE 分别等于两条线段 ED 与 DA,且它们的底边 AE 是公共的。因此,角 ABE 等于角 EDA[命题 I.8]。而 ABE 是直角,因此,EDA 也是直角。ED 因此与 DA 成直角。且它与 BD,DC 每个都成直角。所以,ED 成直角立在三条线段 BD,DA,DC 的交点处。因此,三条直线 BD,DA,DC 在同一平面中[命题 XI.5]。于是无论在哪个平面中找到 DB 与 DA,在该平面中也可以找到 AB。

因为每个三角形都在同一平面中[命题 XI.2]。且角 ABD 与 BDC 都是直角,因此,AB 平行于 CD[命题 I.28]。

这样,与同一平面成直角的两条直线相互平行。这就是需要证明的。

命题 17

若两条直线被几个平行平面所截,则截得的线段对应成比例。

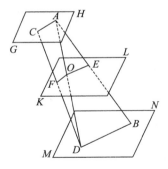

设两条直线 AB 与 CD 被平行平面 GH,KL 与 MN 分别截于点 A,E,B 与 C,F,D。我说线段 AE 比 EB 如同 CF 比 FD。

其理由如下。连接 AC, BD, AD。设 AD 与平面 KL 相交于点 O。并连接 EO 与 FO。

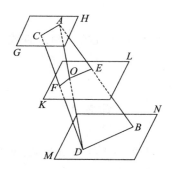

（注：为方便读者阅读，译者将 193 页图复制到此处。）

由于两个平行平面 KL 与 MN 被平面 $EBDO$ 所截，因此它们的交线 EO 与 BD 是平行的[命题Ⅺ.16]。同理，由于两个平行平面 GH 与 KL 被平面 $AOFC$ 所截，它们的交线 AC 与 OF 是平行的[命题Ⅺ.16]。且由于线段 EO 平行于三角形 ABD 的一边 BD，因此按比例，AE 比 EB 如同 AO 比 OD[命题Ⅵ.2]。又由于线段 OF 平行于三角形 ADC 的一边 AC，因此按比例，AO 比 OD 如同 CF 比 FD[命题Ⅵ.2]。且已证明，AO 比 OD 如同 AE 比 EB。因此，AE 比 EB 如同 CF 比 FD[命题Ⅴ.11]。

这样,若两条直线被几个平行平面所截,则截得的线段对应成比例。这就是需要证明的。

命题 19

若两个相交平面与另一个平面成直角,则它们的交线也与该平面成直角。

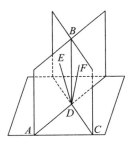

设两个平面 AB,BC 与一个参考平面成直角,AB 与 BC 的交线为 BD。我说 BD 与参考平面成直角。

其理由如下。如若不然,设平面 AB 中由点 D 作 DE 与直线 AD 成直角,又在平面 BC 中作 DF 与 CD 成直角。

由于平面 AB 与参考平面成直角,并在平面 AB 中

作 DE 与它们的交线 AD 成直角, DE 因此与参考平面成直角[定义Ⅺ.4]。类似地,我们可以证明 DF 也与参考平面成直角。于是,通过同一点 D 在平面的同一侧有两条直线与参考平面成直角,而这是不可能的[命题 Ⅺ.13]。因此,除了平面 AB 与 BC 的交线 DB 以外,在点 D 不可能有其他直线与参考平面成直角。

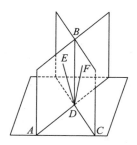

(注:为方便读者阅读,译者将 195 页图复制到此处。)

这样,若两个相交平面与另一个平面成直角,则它们的交线也与该平面成直角。这就是需要证明的。

命题 26

在给定直线上的一个给定点,构建一个立体角等于给定的立体角。

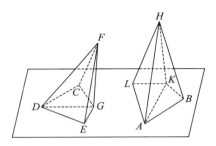

设 AB 是给定直线，A 是其上的给定点，D 是平面角 EDC，EDF 与 FDC 围成的给定立体角，故需要的是在 AB 上的点 A 处构建一个立体角等于在 D 的给定立体角。

在 DF 上取任意点 F，并设由 F 作 FG 垂直于通过 ED 与 DC 的平面[命题 Ⅺ.11]，且设它与该平面相交于 G，连接 DG。又设在直线 AB 上点 A 处构建等于角 EDC 的 BAL，以及等于 EDG 的 BAK［命题 Ⅰ.23］。并使 AK 等于 DG。设在点 K 作 KH 与通过 BAL 的平面成直角[命题 Ⅺ.12]。并使 KH 等于 GF。连接 HA。我说 BAL，BAH，HAL 围成的在 A 的立体角等于平面角 EDC，EDF，FDC 围成的在 D 的立体角。

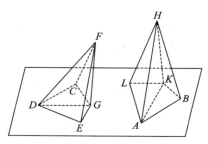

（注：为方便读者阅读，译者将 197 页图复制到此处。）

设截取相等的 DE 与 AB，并连接 HB，KB，FE 与
GE。由于 FG 与参考平面（EDC）成直角，它也与平面
中所有与它相连接的直线成直角［定义 Ⅺ.3］。因此，角
FGD 与 FGE 都是直角。同理，角 HKA 与 HKB 也都
是直角。又由于两条线段 KA 与 AB 分别等于两条线
段 GD 与 DE，且它们的夹角相等，底边 KB 因此等于底
边 GE［定义 Ⅰ.4］。KH 也等于 GF，且它们与各自的底
边夹直角，因此，HB 也等于 FE［命题 Ⅰ.4］。又由于两
条线段 AK 与 KH 分别等于两条线段 DG 与 GF，且它
们夹直角，底边 AH 因此等于底边 FD［命题 Ⅰ.4］。而
AB 也等于 DE。故两条线段 HA 与 AB 分别等于两条
线段 DF 与 DE，又有底边 HB 等于底边 FE。因此，角

BAH 等于角 EDF［命题 I. 8］。同理，HAL 也等于 FDC。BAL 也等于 EDC。

这样，在给定直线 AB 上的给定点 A，作出了等于给定立体角 D 的一个立体角。这就是需要做的。

命题 27

在一条给定线段上作一个与给定平行六面体相似且位置相似的平行六面体。

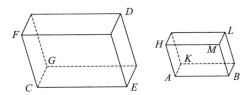

设给定线段 AB 及平行六面体 CD。故必须在给定线段 AB 上作与给定平行六面体 CD 相似且位置相似的平行六面体。

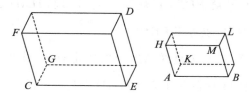

（注：为方便读者阅读，译者将199页图复制到此处。）

设已在线段 AB 上点 A 处构建了由平面角 BAH，HAK，KAB 围成的一个立体角，它等于在 C 的立体角［命题 Ⅺ.26］，并使得角 BAH 等于 ECF，BAK 等于 ECG，以及 KAH 等于 GCF。又使得 EC 比 CG 如同 BA 比 AK，GC 比 CF 如同 KA 比 AH［命题 Ⅵ.12］。因此，由首末比例，EC 比 CF 如同 BA 比 AH［命题 Ⅴ.22］。并设平行四边形 HB 与立体 AL 已完成。

由于 EC 比 CG 如同 BA 比 AK，夹等角 ECG 与 BAK 的边成比例，平行四边形 GE 因此相似于平行四边形 KB。同理，平行四边形 KH 也与平行四边形 GF 相似，还有 EF 相似于 HB。因此，立体 CD 的三个平行四边形相似于立体 AL 的三个平行四边形。但是，前三个等于并相似于三个相对的，而后三个也等于并相似于三个相对的。因此,整个立体 CD 相似于整个立体 AL [定义 XI.9]。

这样,在给定线段 AB 上作出了与给定平行六面体 CD 相似且位置相似的平行六面体 AL。这就是需要做的。

命题 31

同底等高的平行六面体相等。

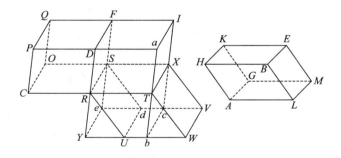

设有两个平行六面体 AE 与 CF 分别在相同的底面 AB 与 CD 上并且等高。我说立体 AE 等于立体 CF。

首先,设侧棱 HK,BE,AG,LM,PQ,DF,CO,RS 成直角立在底面 AB 与 CD 上,并设延长 CR 得到 RT。

又设在直线 RT 上点 R 构建角 TRU 等于角 ALB［命题Ⅰ.23］。使 RT 等于 AL，RU 等于 LB，并设底面 RW 与立体 XU 已经完成。

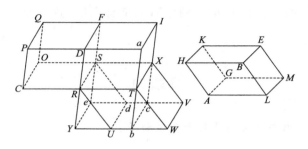

（注：为方便读者阅读，译者将201页图复制到此处。）

由于两条线段 TR 与 RU 分别等于两条线段 AL 与 LB，且其夹角相等，平行四边形 RW 因此等于且相似于平行四边形 HL［命题Ⅵ.14］。又由于 AL 等于 RT，LM 等于 RS，且它们的夹角都是直角，平行四边形 RX 因此等于且相似于平行四边形 AM［命题Ⅵ.14］。同理，LE 也等于且相似于 SU。因此，立体 AE 的三个平行四边形等于且相似于立体 XU 的三个平行四边形。但是，前一个立体的三个面等于且相似于三个相对的面，后一个立体的三个面也等于且相似于三个相对的面

[命题Ⅺ.24]，于是，整个平行六面体 AE 等于整个平行六面体 XU[定义Ⅺ.10]。设延长 DR 与 WU 相交于另一点 Y。又设通过 T 作 aTb 平行于 DY，并把 PD 延长至 a。完成立体 YX 与 RI。故底面为平行四边形 RX 与相对面为 Yc 的立体 XY，等于底面为平行四边形 RX 与相对面为 UV 的立体 XU。因为它们在相同的底面 RX 上且等高，并且立在底面上的侧棱 $RY,RU,Tb,$ TW,Se,Sd,Xc,XV 的上端在相同的直线 YW 与 eV 上[命题Ⅺ.29]。但是立体 XU 等于 AE。于是，立体 XY 也等于立体 AE。又由于平行四边形 $RUWT$ 等于平行四边形 YT。因为它们在相同的底边 RT 上，且在相同的平行线 RT 与 YW 之间[命题Ⅰ.35]。

但是 $RUWT$ 等于 CD，因为它也等于 AB。平行四边形 YT 因此也等于 CD。但 DT 是另一个平行四边形。因此，CD 比 DT 如同 YT 比 DT [命题Ⅴ.7]。又由于平行六面体 CI 被平面 RF（它平行于 CI 的两个相对平面）所截，底面 CD 比底面 DT 如同立体 CF 比立体 RI[命题Ⅺ.25]。同理，由于平行六面体 YI 被平面 RX（它平行于 YI 的两个相对平面）所截，故底面 YT 比底

面 TD 如同立体 XY 比立体 RI［命题Ⅺ.25］。但是,底
面 CD 比底面 DT 如同 YT 比 DT。且因此,立体 CF 与
YX 每个都与立体 RI 有相同的比［命题Ⅴ.11］。因此,
立体 CF 等于立体 YX［命题Ⅴ.9］。但是,YX 已被证
明等于 AE。因此,AE 也等于 CF。

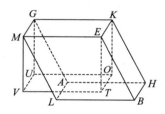 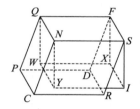

　　然后设侧棱 AG,HK,BE,LM,CN,PQ,DF,RS
并不与底面 AB,CD 成直角。我又说立体 AE 等于立
体 CF。其理由如下。由于设由点 K,E,G,M,Q,F,
N,S 分别作 KO,ET,GU,MV,QW,FX,NY,SI 垂直
于参考平面(即底面 AB 与 CD 所在的平面),并设它们
与平面分别相交于点 O,T,U,V,W,X,Y,I。连接
OT,OU,UV,TV,WX,WY,YI,IX。故立体 KV 等于
立体 QI,由于它们在相等的底面 KM 与 QS 上并有相

等的高,且立在底面上的侧棱与它们的底面成直角(见本命题第一部分)。但是立体 KV 等于立体 AE,以及 QI 等于 CF,因为它们同底等高,但其中侧棱的上端点不在同一直线上[命题 $\text{XI}.30$]。因此,立体 AE 也等于立体 CF。

这样,同底等高的平行六面体彼此相等。这就是需要证明的。

命题 37

若四条线段成比例,则在它们之上的相似且位置相似的平行六面体也成比例。而若在四条线段上的相似且位置相似的平行六面体成比例,则这四条线段也成比例。

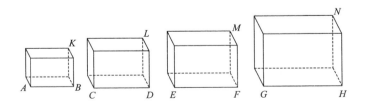

设 AB，CD，EF，GH 是四条成比例的线段，AB 比 CD 如同 EF 比 GH。并在 AB，CD，EF，GH 上分别作相似且位置相似的平行六面体 KA，LC，ME，NG。我说 KA 比 LC 如同 ME 比 NG。

其理由如下。由于平行六面体 KA 与 LC 相似，KA 比 LC 因此是 AB 与 CD 之立方比[命题 XI.33]。同理，ME 比 NG 是 EF 与 GH 之立方比[命题 XI.33]。又由于 AB 比 CD 如同 EF 比 GH，因此也有 AK 比 LC 如同 ME 比 NG。

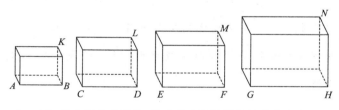

（注：为方便读者阅读，译者将 205 页图复制到此处。）

然后设立体 AK 比立体 LC 如同立体 ME 比立体 NG。我说 AB 比 CD 如同 EF 比 GH，

其理由如下。由于 KA 比 LC 是 AB 与 CD 之立方

比[命题Ⅺ.33]。*ME* 比 *NG* 是 *EF* 与 *GH* 之立方比[命题Ⅺ.33]，且 *KA* 比 *LC* 如同 *ME* 比 *NG*。因此也有 *AB* 比 *CD* 如同 *EF* 比 *GH*。

这样，若四条线段成比例，等等如命题所述。这就是需要证明的。

命题 39

若有两个等高的棱柱，一个以平行四边形为底面，另一个以三角形为底面，且平行四边形是三角形的两倍，则这两个棱柱相等。

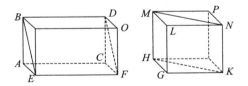

设 *ABCDEF* 与 *GHKLMN* 是两个等高的棱柱[①]，

前者以平行四边形 AF 为底面,后者以三角形 GHK 为底面①,且平行四边形 AF 等于三角形 GHK 的两倍。我说棱柱 $ABCDEF$ 等于棱柱 $GHKLMN$。

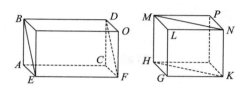

(注:为方便读者阅读,译者将 207 页图复制到此处。)

其理由如下。完成立体 AO 与 GP,由于平行四边形 AF 是三角形 GHK 的两倍,而平行四边形 HK 也是三角形 GHK 的两倍[命题Ⅰ.34],平行四边形 AF 因此等于平行四边形 HK。且同底等高的平行六面体相等[命题Ⅺ.31]。因此,立体 AO 等于立体 GP。而

① 这里的表达方式似有些不一致。棱柱的底面一般理解为定义Ⅺ.13 中两个相对平面,而棱柱的高一般理解为定义Ⅺ.13 中两个相对平面间的距离,这里所述 $GHKLMN$ 的底面和高确实如此。但对 $ABCDEF$,这里底面指平行四边形侧面,而高指三角形角顶至平行四边形的距离。希思在[1],Vol. 3,p. 364 中谈及这一点,称之为"用语很有趣"(phraseology is interesting)。——译者注

棱柱 *ABCDEF* 是立体 *AO* 的一半,棱柱 *GHKLMN* 是立体 *GP* 的一半[命题 XI.28]。因此,棱柱 *ABCDEF* 等于棱柱 *GHKLMN*。

第十二卷　面积与体积;欧多克斯穷举法

内容提要

命题Ⅻ.1 可以归结为命题Ⅵ.20.使用穷举法,即无限增加圆内接多边形的边数,可以证明命题Ⅻ.2,最后在命题Ⅻ.18 中证明了球的体积与直径立方成正比。中间的命题Ⅻ.3—9 讨论棱锥,命题Ⅻ.10—15 讨论圆柱与圆锥。注意欧几里得对具体数字不感兴趣,圆周率 π 要到后来由阿基米德发现。命题Ⅻ.16/17 是两道有趣的作图题。

第十二卷命题的分类见表 12.1.

表 12.1 第十二卷中的命题分类

XII.1	相似的圆内接多边形中比是圆直径之平方比
XII.2	圆与圆之比是其直径之平方比
XII.3—9	棱锥及其体积之比
XII.10—15	圆柱与圆锥及其体积之比
XII.16	同心圆中不与内圆相切的内接正多边形
XII.17	同心球中不与内球相切的内接多面体
XII.18	球与球之比是其直径之立方比

命题 1

圆的内接相似多边形之比如同这些圆的直径上的正方形之比。

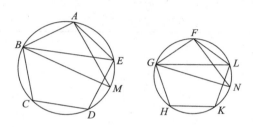

设 ABC 与 FGH 为两个圆，$ABCDE$ 与 $FGHKL$ 分别是其中的相似直线图形，BM 与 GN 分别是两个圆的直径。我说 BM 上的正方形比 GN 上的正方形如同多边形 $ABCDE$ 比多边形 $FGHKL$。

设连接 BE，AM，GL，FN。由于多边形 $ABCDE$ 相似于多边形 $FGHKL$，角 BAE 也等于角 GFL，并且 BA 比 AE 如同 GF 比 FL［定义 Ⅵ.1］。故 BAE 与 GFL 是这样的两个三角形，它们有一个角等于一个角，即 BAE 等于 GFL，并且夹等角的两条边成比例。三角

形 ABE 因此与三角形 FGL 等角[命题Ⅵ.6]。于是角 AEB 等于角 FLG。但 AEB 等于 AMB,以及 FLG 等于 FNG。因为它们立在同一段圆弧上[命题Ⅲ.27]。因此,AMB 也等于 FNG。而直角 BAM 也等于直角 GFN[命题Ⅲ.31],因此,剩下的角也等于剩下的角[命题Ⅰ.32]。所以,三角形 ABM 与三角形 FGN 等角,因此,BM 比 GN 如同 BA 比 GF[命题Ⅵ.4]。但是,BM 上的正方形与 GN 上的正方形之比是 BM 与 GN 之比的平方,且多边形 $ABCDE$ 与多边形 $FGHKL$ 之比也是 BM 与 GN 之比的平方,因此,BM 上的正方形比 GN 上的正方形如同多边形 $ABCDE$ 比多边形 $FGHKL$。

这样,圆的内接相似多边形之比如同这些圆的直径上的正方形之比。这就是需要证明的。

命题 3

任何一个底面为三角形的棱锥,都可以被分为底面是三角形,彼此相等相似且与整个棱锥相似的两个棱锥,加上其和大于整个棱锥一半的两个相等的棱柱。

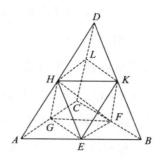

设有一个底面为三角形 ABC，顶点为 D 的棱锥 $ABCD$。我说棱锥 $ABCD$ 可以被分为有相等三角形底面、彼此相似并与整个棱锥相似的两个棱锥，加上其和大于整个棱锥一半的两个相等的棱柱。

其理由如下。设 AB，BC，CA，AD，DB，DC 分别在 E，F，G，H，K，L 被等分。连接 HE，EG，GH，HK，KL，LH，KF，FG。由于 AE 等于 EB，AH 等于 DH，EH 因此平行于 DB〔命题 Ⅵ.2〕。同理，HK 也平行于 AB。因此，$HEBK$ 是一个平行四边形，所以，HK 等于 EB〔命题 Ⅰ.34〕。但 EB 等于 EA，因此，AE 也等于 HK。而 AH 也等于 HD，故两条线段 EA 与 AH 分别等于两条线段 KH 与 HD，且角 EAH 等于角 KHD〔命

题 I.29]。因此,底边 *EH* 等于底边 *KD*[命题 I.4]。
所以,三角形 *AEH* 等于并相似于三角形 *HKD*[命题
I.4]。同理,三角形 *AHG* 也等于且相似于三角形
HLD。又由于彼此相连接的两条线段 *EH* 与 *HG* 分别
平行于不在同一平面中的彼此相连接的两条线段 *KD*
与 *DL*[命题 XI.10]。因此,角 *EHG* 等于角 *KDL*。又
由于两条线段 *EH* 与 *HG* 分别等于两条线段 *KD* 与
DL,而且角 *EHG* 等于角 *KDL*,底面 *EG* 因此等于底面
KL[命题 I.4]。所以,三角形 *EHG* 等于并相似于三角
形 *KDL*。同理,三角形 *AEG* 也等于并相似于三角形
HKL。因此,底面为三角形 *AEG*,顶点为 *H* 的棱锥,等
于且相似于底面为三角形 *HKL* 及顶点为 *D* 的棱锥[定
义 XI.10]。又由于已作 *HK* 平行于三角形 *ADB* 的一
边 *AB*,三角形 *ADB* 与三角形 *DHK* 等角[命题 I.29],
且它们的边成比例,因此三角形 *ADB* 相似于三角形
DHK[定义 VI.1]。同理,三角形 *DBC* 也相似于三角形
DKL,*ADC* 相似于 *DLH*。又由于两条相互连接的线
段 *BA* 与 *AC*,分别平行于不在同一平面中的两条相互
连接的线段 *KH* 与 *HL*,它们所夹的角相等[命题

ⅩⅠ.10]。因此,角 BAC 等于角 KHL。且 BA 比 AC 如同 KH 比 HL。于是,三角形 ABC 相似于三角形 HKL[命题Ⅵ.6]。所以,底面为三角形 ABC、顶点为 D 的棱锥,相似于底面为三角形 HKL、顶点为 D 的棱锥[定义 ⅩⅠ.9]。但是,底面为三角形 HKL、顶点为 D 的棱锥,已被证明相似于底面为三角形 AEG,顶点为 H 的棱锥。因此,棱锥 $AEGH$ 与 $HKLD$ 每个都相似于棱锥 $ABCD$。

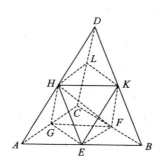

(注:为方便读者阅读,译者将 214 页图复制到此处。)

由于 BF 等于 FC,平行四边形 $EBFG$ 是三角形 GFC 的两倍[命题Ⅰ.41]。又由于,若两个棱柱等高,且前一个以平行四边形为底面,后一个以三角形为底面,且平行四边形是三角形的两倍,则二棱柱相等[命题

Ⅺ.39],由两个三角形 BFK 与 EHG 及三个平行四边形 $EBFG$,$EBKH$ 与 $GHKF$ 围成的棱柱,因此等于由两个三角形 GFC 与 HKL 及三个平行四边形 $KFCL$,$LCGH$ 与 $HKFG$ 围成的棱柱。显然,底面为平行四边形 $EBFG$,相对棱为线段 HK 的每个棱柱,以及底面为三角形 GFC,相对面为三角形 HKL 的每个棱柱,都大于底面分别为三角形 AEG 与 HKL,顶点分别为 H 与 D 的每个棱锥,因为若我们也连接线段 EF 与 EK,则底面为平行四边形 $EBFG$ 与相对棱为 HK 的棱柱,大于底面为三角形 EBF 且顶点为 K 的棱锥。但是,底面为三角形 EBF 且顶点为 K 的棱锥,等于底面为三角形 AEG 且顶点为 H 的棱锥。因为它们被相等且相似的平面围成。因而,底面为平行四边形 $EBFG$ 且相对棱为线段 HK 的棱柱,大于底面为三角形 AEG 且顶点为 H 的棱锥。而底面为平行四边形 $EBFG$ 且相对棱为线段 HK 的棱柱,等于底面为三角形 GFC 且相对面为三角形 HKL 的棱柱。而底面为三角形 AEG 且顶点为 H 的棱锥,等于底面为三角形 HKL 且顶点为 D 的棱锥。因此,上述两个棱柱之和大于上述两个棱锥之和。其底面分别为三角形 AEG 与 HKL，顶点分别为 H 与 D。

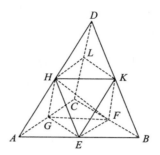

(注：为方便读者阅读，译者将 214 页图复制到此处。)

这样，底面为三角形 ABC 且顶点为 D 的整个棱锥，被分为有三角形底面、彼此相等且相似并与整个棱锥相似的两个棱锥，加上其和大于整个棱锥一半的两个相等的棱柱。这就是需要证明的。

第十三卷　柏拉图多面体①

内容提要

黄金分割很早就为人所知,命题 XIII.1—6 讨论了它的产生方法及与 $\sqrt{5}$ 和余线的关系。随后讨论了五边形。在最后一个命题 XIII.18 中得到,棱锥(即正四面体)、正八面体、立方体、正十二面体与正二十面体的边长依次满足以下不等式: $\sqrt{8/3} > \sqrt{2} > \sqrt{4/3} > (1/\sqrt{5})$ $\sqrt{10-2\sqrt{5}} > (1/3)(\sqrt{15}-\sqrt{3})$ 。并指出只可能存在这五种正多面体。

---

① 即五种正多面体:立方体、正四面体、正八面体、正十二面体、正二十面体。——译者注

表 13.1　第十三卷命题分类

XIII.1—6	A:黄金分割
XIII.7—12	B:正五边形、正六边形、正十边形
XIII.13—18	C:正多面体

命题 7

若一个等边五边形有三个相邻或不相邻的角相等，则它是等角的。

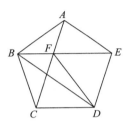

首先设在等边五边形 *ABCDE* 中，相邻的三个角 *A*，*B*，*C* 彼此相等。我说五边形 *ABCDE* 是等角的。

其理由如下。连接 *AC*，*BE*，*FD*。由于两条线段 *CB* 与 *BA* 分别等于两条线段 *BA* 与 *AE*，且角 *CBA* 等于 *BAE*，底边 *AC* 因此等于底边 *BE*，三角形 *ABC* 等于三角形 *ABE*，且对向等边的剩下的角相等［命题 I.4］，也就是 *BCA* 等于 *BEA*，以及 *ABE* 等于 *CAB*。因而边 *AF* 也等于边 *BF*［命题 I.6］。而整条 *AC* 已被证明等于整条 *BE*，因此，剩下的 *FC* 等于剩下的 *FE*。且 *CD*

也等于 DE。因此,两条线段 FC 与 CD 分别等于两条
线段 FE 与 ED,且 FD 是它们的公共底边。所以,角
FCD 等于角 FED[命题 I.8]。而 BCA 也已被证明等
于 AEB。且因此,整个 BCD 等于整个 AED。但角
BCD 被假设等于在 A,B 的角。因此,角 AED 也等于
在 A,B 处的角。类似地,我们可以证明,CDE 也等于
在 A,B,C 处的角,因此,五边形 ABCDE 是等角的。

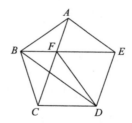

（注：为方便读者阅读,译者将 221 页图复制到此处。）

　　然后设相等的角并不相邻,在点 A,C,D 处的角是相
等角,我说五边形 ABCDE 在这种情况下也是等角的。

　　其理由如下。连接 BD,由于两条线段 BA 与 AE
分别等于两条线段 BC 与 CD,且它们所夹的角相等,底
边 BE 因此等于底边 BD,三角形 ABE 等于三角形
BCD,且等边对向的剩下的角相等[命题 I.4]。因此,

角 AEB 等于角 CDB。而角 BED 也等于角 BDE,由于边 BE 也等于边 BD[命题 I.5]。因此,整个角 AED 也等于整个角 CDE。但角 CDE 被假设为等于在点 A 与 C 的角,因此,角 AED 也等于在点 A 与 C 的角。故同理,角 ABC 也等于在 A,C,D 的角。因此五边形 $ABCDE$ 是等角的。这就是需要证明的。

命题 8

等边等角五边形中对向相邻二角的线段彼此黄金分割,较大者等于五边形的边。

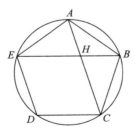

设等边等角五边形 $ABCDE$ 中,分别对向在 A 与 B 的相邻二角的两条线段 AC 与 BE 相交于点 H。我说它们每个都在点 H 被黄金分割,其较大者等于五边形的边。

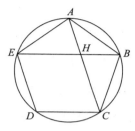

（注：为方便读者阅读，译者将223页图复制到此处。）

其理由如下。设圆 ABCDE 有内接五边形 ABCDE[命题Ⅳ.14]。由于两条线段 EA 与 AB 分别等于两条线段 AB 与 BC，且它们所夹的角相等，底边 BE 因此等于底边 AC，且三角形 ABE 等于三角形 ABC，剩下的角分别等于剩下的角，它们对向相等的边[命题Ⅰ.4]。因此，角 BAC 等于角 ABE。于是，角 AHE 是角 BAH 的两倍[命题Ⅰ.32]。而 EAC 也是 BAC 的两倍，由于圆弧 EDC 也是圆弧 CB 的两倍[命题Ⅲ.28，Ⅵ.33]。因此，角 HAE 等于角 AHE。所以，线段 HE 也等于线段 EA，即等于 AB[命题Ⅰ.6]。又由于线段 BA 等于 AE，角 ABE 也等于 AEB[命题Ⅰ.5]。但是，ABE 已被证明等于 BAH。因此 BEA 也等于

BAH。并且角 ABE 对两个三角形 ABE 与 ABH 是公共的。因此,剩下的角 BAE 等于剩下的角 AHB[命题 I.32]。所以,三角形 ABE 与三角形 ABH 是等角的。于是有比例:EB 比 BA 如同 AB 比 BH[命题 VI.4]。且 BA 等于 EH。因此,BE 比 EH 如同 EH 比 HB。且 BE 大于 EH,EH 因此也大于 HB[命题 V.14]。所以,BE 在 H 被黄金分割,且较大者 HE 等于五边形的边。类似地,我们可以证明,AC 也在点 H 被黄金分割,且较大者 CH 等于五边形的边。这就是需要证明的。

命题 18

作出上述五种形状的边,并把它们相互比较。①

---

① 正多面体只有五种,即棱锥(即四面体)、八面体、立方体、十二面体与二十面体,其中立方体的面是正方形,十二面体的面是正五边形,其他多面体的面均为正三角形。若它们均内接于半径是一单位的球,则按以上顺序的诸多面体的边长 AF,BE,BF,MB,NB 满足以下不等式:$AF > BE > BF > MB > NB$,其数字值为 $\sqrt{8/3} > \sqrt{2} > \sqrt{4/3} > (1/\sqrt{5})$ $\sqrt{10 - 2\sqrt{5}} > (1/3)(\sqrt{15} - \sqrt{3})$。——译者注

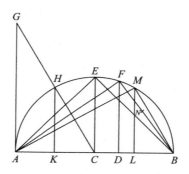

　　设给定球的直径 AB 已知。它在 C 被分割,使得
AC 等于 CB。又设它在 D 被分割,使得 AD 是 DB 的
两倍。设已作出 AB 上的半圆 AEB。并设由 C,D 分
别作 CE,DF 与 AB 成直角,连接 AF,FB,EB。……
AF 等于棱锥的边长。……BF 是立方体的边。……
BE 是八面体的边。……通过点 A 作 AG 与直线 AB 成
直角,并使 AG 等于 AB。连接 GC。由 H 作 HK 垂直
于 AB。作 CL 等于 CK,由 L 作 LM 与 AB 成直角,并
连接 MB。……MB 是二十面体的边。……设 FB 在 N
被黄金分割,NB 是较大段,则 NB 是十二面体的
边。……

下　篇

学习资源
Learning Resources

扩展阅读

数字课程

思考题

阅读笔记

扩展阅读

书　名：几何原本（全译本）

作　者：［古希腊］欧几里得

译　者：程晓亮　凌复华　车明刚

出版社：北京大学出版社

出版年份：2022 年 12 月

数字课程

请扫描"科学元典"微信公众号二维码,收听音频。

思考题

1. 欧几里得几何学研究的基本对象是什么？列举其中研究的主要几何形状。

2. 用圆规和直尺作一个等边三角形、作一个直角、等分一条线段和等分一个角。

3. 列举你所知的三角形类型，它们各有什么特征？在哪些条件下两个三角形全等？并给出证明。

4. 叙述勾股定理并给出证明。叙述勾股定理的逆定理及推广的勾股定理。

5. 圆由哪几个要素确定？圆的切线如何定义？过圆外一点作圆的切线。什么是圆中的弦和弓形？

6. 相似的直线边图形具有什么性质？两个正五边形满足什么条件时相似？

7. 比与比例有什么不同？列举你所知道的各种不同的比和比例。

8. 成连比例的数组满足什么条件？给出两个不同的五个数字的连比例数组。

9. 什么是黄金分割？它与正五边形的边长有什么关系？哪些正多边形可以用圆规和直尺作出？请至少作出其中的三个。

10. 有多少种不同的正多面体，它们由哪些正多边形构成？

阅读笔记

科学元典丛书

已出书目

1	天体运行论	[波兰] 哥白尼
2	关于托勒密和哥白尼两大世界体系的对话	[意] 伽利略
3	心血运动论	[英] 威廉·哈维
4	薛定谔讲演录	[奥地利] 薛定谔
5	自然哲学之数学原理	[英] 牛顿
6	牛顿光学	[英] 牛顿
7	惠更斯光论（附《惠更斯评传》）	[荷兰] 惠更斯
8	怀疑的化学家	[英] 波义耳
9	化学哲学新体系	[英] 道尔顿
10	控制论	[美] 维纳
11	海陆的起源	[德] 魏格纳
12	物种起源（增订版）	[英] 达尔文
13	热的解析理论	[法] 傅立叶
14	化学基础论	[法] 拉瓦锡
15	笛卡儿几何	[法] 笛卡儿
16	狭义与广义相对论浅说	[美] 爱因斯坦
17	人类在自然界的位置（全译本）	[英] 赫胥黎
18	基因论	[美] 摩尔根
19	进化论与伦理学(全译本)(附《天演论》)	[英] 赫胥黎
20	从存在到演化	[比利时] 普里戈金
21	地质学原理	[英] 莱伊尔
22	人类的由来及性选择	[英] 达尔文
23	希尔伯特几何基础	[德] 希尔伯特
24	人类和动物的表情	[英] 达尔文
25	条件反射：动物高级神经活动	[俄] 巴甫洛夫
26	电磁通论	[英] 麦克斯韦
27	居里夫人文选	[法] 玛丽·居里
28	计算机与人脑	[美] 冯·诺伊曼
29	人有人的用处——控制论与社会	[美] 维纳
30	李比希文选	[德] 李比希
31	世界的和谐	[德] 开普勒
32	遗传学经典文选	[奥地利] 孟德尔 等
33	德布罗意文选	[法] 德布罗意
34	行为主义	[美] 华生
35	人类与动物心理学讲义	[德] 冯特
36	心理学原理	[美] 詹姆斯
37	大脑两半球机能讲义	[俄] 巴甫洛夫
38	相对论的意义：爱因斯坦在普林斯顿大学的演讲	[美] 爱因斯坦
39	关于两门新科学的对谈	[意] 伽利略
40	玻尔讲演录	[丹麦] 玻尔
41	动物和植物在家养下的变异	[英] 达尔文
42	攀援植物的运动和习性	[英] 达尔文

43	食虫植物	［英］达尔文
44	宇宙发展史概论	［德］康德
45	兰科植物的受精	［英］达尔文
46	星云世界	［美］哈勃
47	费米讲演录	［美］费米
48	宇宙体系	［英］牛顿
49	对称	［德］外尔
50	植物的运动本领	［英］达尔文
51	博弈论与经济行为（60周年纪念版）	［美］冯·诺伊曼 摩根斯坦
52	生命是什么（附《我的世界观》）	［奥地利］薛定谔
53	同种植物的不同花型	［英］达尔文
54	生命的奇迹	［德］海克尔
55	阿基米德经典著作集	［古希腊］阿基米德
56	性心理学、性教育与性道德	［英］霭理士
57	宇宙之谜	［德］海克尔
58	植物界异花和自花受精的效果	［英］达尔文
59	盖伦经典著作选	［古罗马］盖伦
60	超穷数理论基础（茹尔丹 齐民友 注释）	［德］康托
61	宇宙（第一卷）	［德］亚历山大·洪堡
62	圆锥曲线论	［古希腊］阿波罗尼奥斯
63	几何原本	［古希腊］欧几里得
	化学键的本质	［美］鲍林

科学元典丛书（彩图珍藏版）

自然哲学之数学原理（彩图珍藏版）	［英］牛顿
物种起源（彩图珍藏版）（附《进化论的十大猜想》）	［英］达尔文
狭义与广义相对论浅说（彩图珍藏版）	［美］爱因斯坦
关于两门新科学的对话（彩图珍藏版）	［意］伽利略
海陆的起源（彩图珍藏版）	［德］魏格纳

科学元典丛书（学生版）

1	天体运行论（学生版）	［波兰］哥白尼
2	关于两门新科学的对话（学生版）	［意］伽利略
3	笛卡儿几何（学生版）	［法］笛卡儿
4	自然哲学之数学原理（学生版）	［英］牛顿
5	化学基础论（学生版）	［法］拉瓦锡
6	物种起源（学生版）	［英］达尔文
7	基因论（学生版）	［美］摩尔根
8	居里夫人文选（学生版）	［法］玛丽·居里
9	狭义与广义相对论浅说（学生版）	［美］爱因斯坦
10	海陆的起源（学生版）	［德］魏格纳
11	生命是什么（学生版）	［奥地利］薛定谔
12	化学键的本质（学生版）	［美］鲍林
13	计算机与人脑（学生版）	［美］冯·诺伊曼
14	从存在到演化（学生版）	［比利时］普里戈金
15	九章算术（学生版）	（汉）张苍 耿寿昌
16	几何原本（学生版）	［古希腊］欧几里得